江西省水生态文明
建设评价方法及应用

刘聚涛　温春云　胡芳 等　编著

中国水利水电出版社
www.waterpub.com.cn
·北京·

内 容 提 要

本书系统梳理了水生态文明的概念和内涵，阐述了江西省"县、乡（镇）、村"水生态文明建设内容，研究了江西省水生态文明建设评价指标体系、技术和方法，提出了江西省水生态文明建设保障体制机制建议，为江西省水生态文明建设评价提供了支撑。

本书可供从事水生态文明建设研究的专家学者参考，也可供相关专业的高校师生阅读。

图书在版编目（ＣＩＰ）数据

江西省水生态文明建设评价方法及应用 / 刘聚涛等编著. -- 北京：中国水利水电出版社，2019.10
ISBN 978-7-5170-8127-2

Ⅰ．①江… Ⅱ．①刘… Ⅲ．①水环境－生态环境建设－研究－江西 Ⅳ．①X143

中国版本图书馆CIP数据核字(2019)第230669号

书　　　名	江西省水生态文明建设评价方法及应用 JIANGXI SHENG SHUISHENGTAI WENMING JIANSHE PINGJIA FANGFA JI YINGYONG
作　　　者	刘聚涛　温春云　胡芳　等 编著
出 版 发 行	中国水利水电出版社 （北京市海淀区玉渊潭南路 1 号 D 座　100038） 网址：www. waterpub. com. cn E - mail：sales@waterpub. com. cn 电话：(010) 68367658（营销中心）
经　　　售	北京科水图书销售中心（零售） 电话：(010) 88383994、63202643、68545874 全国各地新华书店和相关出版物销售网点
排　　　版	中国水利水电出版社微机排版中心
印　　　刷	天津嘉恒印务有限公司
规　　　格	170mm×240mm　16 开本　11.75 印张　230 千字
版　　　次	2019 年 10 月第 1 版　2019 年 10 月第 1 次印刷
印　　　数	0001—1000 册
定　　　价	**75.00 元**

党的十七大首次提出生态文明建设，党的十八大则将生态文明建设放在突出地位，与经济建设、政治建设、文化建设、社会建设放在同等重要的地位，成为实现美丽中国的基石。水是生命之源、生产之要、生态之基，水生态文明建设是生态文明建设的前提和重要组成部分，是实施可持续发展战略的重要举措，是保障和改善民生的重要任务，也是促进生态文明建设的重要基础。

2013 年 1 月，水利部印发《水利部关于加快推进水生态文明建设工作的意见》（水资源〔2013〕1 号），对加强水生态文明建设做出了明确部署，并启动全国水生态文明城市建设试点工作。2014 年 4 月，江西省水利厅印发《关于印发〈江西省水利厅推进水生态文明建设工作方案〉的通知》，要求至 2020 年全省水生态文明建设覆盖一半以上的县、乡（镇）、村。2014 年 6 月，江西省水利厅在积极开展南昌市、新余市和萍乡市国家级水生态文明城市试点建设的基础上，开展了全省水生态文明县、乡（镇）、村试点建设和自主创建工作，落实着力构建市、县、乡（镇）、村四级联动水生态文明建设思路，研究确定了江西省水生态文明建设评价指标体系、模型和方法，提出了水生态文明建设技术，对于江西省水生态文明建设具有重要的作用，对于其他地方开展水生态文明建设具有重要的借鉴作用。

本书系统梳理并总结水生态文明概念和内涵，提出江西省县、乡（镇）、村水生态文明建设内容，系统构建江西省水生态文明县、乡（镇）、村评价指标体系，建立了基于目标层、准则层、指标层三个层次，水安全、水环境、水生态、水管理、水景观和水文化六大方面在内的江西省水生态文明评价指标体系，其中水生态文明县评价指标 25 个，水生态文明乡（镇）和水生态文明村评价指标各 23 个；从水安全保障技术、水环境治理技术、水生态修复技术、水管理技术方法、水景观提升改造思路方法、水文化宣传措施等六个方面系统梳理了江西省水生态文明县、乡（镇）、村建设技术体系；基于专家咨询、层次分析法确定的权重值作为单项指标赋分的依据，借鉴已有的标准、规范和文献，确定了各评价指标赋分标准，构建了水生态文明评价综合模型；以江西省县、乡（镇）、村水生态文明评价办法和建设技术为依托，以水生态文明试点为对象，开展县、乡（镇）、村水生态文明评价和建设应用，开发江西省县、乡（镇）、村水生态文明建设评价系统软件，并以江西省莲花县、贵溪市上清镇、莲花县坊楼镇沿背村为典型案例进行应用；从健全组织管理机构、建立绩效考评机制、形成多规合一的水空间规划编制机制、强化科技支撑、加强法律法规建设、建立市场化多元投入模式、推进水利财政事权与支出责任划分改革和创新公众参与体制机制等八大方面提出江西水生态文明建设保障体制机制建议，为江西省县、乡（镇）、村水生态文明建设提供保障。

本书是基于江西省水利科技计划项目"江西省水生态文明评价办法研究"（KT201515）、江西省水利厅政研课题"江西省水生态文明建设体制机制研究"、江西省水利厅项目"江西省水生态文明村建设技术指南"等项目的联合研究成果。

本书由刘聚涛、温春云、胡芳等编著。主要内容共分为 6 章，第 1 章由刘聚涛、冯倩、魏立娥编写，第 2 章由刘聚涛、温春云、胡芳编写，第 3 章由韩柳、魏立娥、冯倩、张洁、万怡国、张丽、余雷、孔琼菊、王萱子、张戴军、李洋、张兰婷和王法磊编写，第4章由刘聚涛、温春云、胡芳、吴煜晨编写，第5章由刘聚涛、温春云、胡芳编写，第6章由温春云、胡芳、冯倩编写。

江西省水生态文明建设被列为江西省水利厅重点工作，省水利厅领导非常重视，本书在出版过程中也得到了江西省水利厅水资源处、河长制工作处的大力支持，得到了江西省水文局、江西省水土保持科学研究院的技术支持，凝聚了江西省水利系统各位领导和专家的智慧，在此一并表示感谢。在本书编写过程中，江西省水利科学研究院的领导和同事给予了指导和支持，在此表示衷心感谢。

本书力求反映水生态文明建设与评价的关键理论、技术、方法及实践应用，但由于作者水平有限，书中不足之处在所难免，敬请广大专家、学者和读者批评指正。

作者

2019 年 6 月

目　录

第 1 章

绪　　论

1.1　研究背景

2007 年，党的十七大第一次提出生态文明的理念，明确"建设生态文明，基本形成节约能源资源和保护生态环境的产业结构、增长方式、消费模式""生态文明观念在全社会牢固树立"等新的思想、观点和论断。2012 年，党的十八大指出把生态文明建设与经济建设、政治建设、文化建设、社会建设放在同一高度。2015 年 5 月，《中共中央　国务院关于加快推进生态文明建设的意见》（中发〔2015〕12 号）从改善生态环境质量、推进生态文明建设良好社会风尚等 8 个方面系统全面地部署了生态文明建设工作。

水是生命之源、生产之要、生态之基，水生态文明建设是生态文明建设的前提和重要组成部分。为贯彻落实党的十八大精神，推进水生态文明建设，2013 年 1 月，《水利部关于加快推进水生态文明建设工作的意见》（水资源〔2013〕1 号），提出了加强水资源节约保护、实施水生态综合治理等措施，大力推进水生态文明建设，提高生态文明水平。同年 3 月，水利部下发《水利部关于加快开展全国水生态文明城市建设试点工作的通知》（水资源函〔2013〕233 号），要求加快全国水生态文明城市试点创建，切实把生态文明理念融入到水资源开发、利用、治理、配置、节约、保护的各方面和水利规划、建设、管理的各个环节中。在此基础上，选择了 105 个基础条件较好、代表性和典型性较强的城市，开展水生态文明建设试点工作，为推进全国水生态文明建设提供示范。2014 年，水利部下发了《水利部关于深化水利改革的指导意见》（水规计〔2014〕48 号），要求加快开展城乡水生态文明创建工作，并因地制宜地探索水生态文明建设模式。

在国家加快推进水生态文明建设的背景下，江西省稳步推进省内水生态文明建设工作。2014 年 4 月，江西省水利厅下发了《关于印发〈江西省水利厅推进水生态文明建设工作方案〉的通知》(赣水资源字〔2014〕22 号),要求至 2020 年全省水生态文明建设覆盖一半以上的县、乡(镇)、村。2014 年 6月,江西省水利厅在积极开展南昌市、新余市和萍乡市国家级水生态文明城市试点建设的基础上,决定在全省开展省级县、乡(镇)、村水生态文明试点建设和自主创建活动,着力构建市、县、乡(镇)、村"四级联动"的水生态文明建设格局,探索符合江西实际的水生态文明建设模式。2014 年 9 月,江西省委、省政府出台《关于深化水利改革的意见》,对水生态文明建设提出了要求和具体任务,要求大力推进水生态文明建设。2015 年 8 月,《江西省水利厅关于印发加快推进水生态文明建设意见的通知》(赣水发〔2015〕2 号)明确江西省水生态文明建设目标和建设内容。

为探索不同地区、不同水资源特点和水生态条件的水生态文明建设模式与经验,加快推进江西省水生态文明建设工作,江西省以推进水生态文明为契机,分别开展南昌、新余、萍乡 3 个国家级水生态文明城市试点建设以及江西省县、乡(镇)、村的水生态文明建设试点工作。2014 年 10 月,江西省水利厅印发《江西省水利厅关于印发第一批水生态文明建设试点名单的通知》(赣水资源字〔2014〕56 号)确定第一批水生态文明建设试点县 3 个、乡(镇)22 个、村 125 个,进一步推进了江西省水生态文明建设工作。2015 年 11 月,江西省确定了第二批水生态文明建设试点乡(镇)26 个、村 133 个。随后,江西省水利厅出台《江西省水利厅关于印发江西省水生态文明建设五年(2016—2020 年)行动计划的通知》(赣水发〔2016〕1 号),针对水生态文明指导意见确定分期实施工程与目标,加快推进水生态文明建设。

加快推进水生态文明建设,是贯彻落实治水新思路、实现治水管水新跨越的内在要求,是保障江西水安全、推动生态文明先行示范区建设的重要实践。江西省立足于"山水林田湖生命共同体"的认识,积极转变治水管水理念,高举生态文明大旗,以水生态文明建设统领江西水利改革发展,从以人为主转变为人水和谐,从人力为要转变为自然力为要,从单一治理转变为系统治理,加快推进传统水利向现代水利、可持续发展水利转变,促使治水管水理念根本转变,水利管理能力显著增强,防洪安全、供水安全、生态安全有效保障,水资源保护与河湖健康体系基本建成,水生态文明建设体制机制基本建立,水生态文明理念深入人心。以江西省开展市、县、乡(镇)、村四级联动水生态文明建设格局为契机,总结归纳水生态文明建设思路与方法,深入探索江西水生态文明建设关键技术问题,构建水生态文明县、乡(镇)、村评价指标体系,并提出水生态文明建设体制机制,保障江西省水生态文明建设,进而为江西省水生态文明建设与管理提供技术支撑,为实现区域与流域水生态文明提供坚实基础。

1.2 研究必要性

1. 生态文明建设的要求

2013 年，党的十八大将生态文明建设放在突出地位，与经济建设、政治建设、文化建设、社会建设同等重要。党的十八届三中全会通过的《中共中央关于全面深化改革若干重大问题的决定》和〈中共中央 国务院关于加快推进生态文明建设的意见》中发〔2015〕12 号均要求加快推进生态文明建设，并对水生态保护与修复、水环境污染防治、生态红线和生态补偿等内容都提出了明确要求。水利部印发的《水利部关于加快推进水生态文明建设工作的意见》（水资源〔2013〕1 号）指出，水生态文明既是生态文明建设的一部分，也是加快推进生态文明建设的重要保障。因此，开展江西省水生态文明建设与评价关键技术研究，符合为推进江西省区域或流域生态文明建设提供技术支撑的要求。

2. 水生态文明建设的现实要求

2013 年 1 月，水利部印发的《水利部关于加快推进水生态文明建设工作的意见》（水资源〔2013〕1 号），对加强水生态文明建设作了明确部署。2013 年 3 月，水利部下发《水利部关于加快开展全国水生态文明城市建设试点工作的通知》（水资源函〔2013〕233 号），要求加快全国水生态文明试点创建。2014 年，水利部印发了《水利部关于深化水利改革的指导意见》（水规计〔2014〕48 号），要求加快开展城乡水生态文明创建工作，并因地制宜地探索水生态文明建设模式。

2014 年 4 月，江西省印发《江西省水利厅推进水生态文明建设工作方案》《江西省水生态文明试点建设和自主创建管理暂行办法》《江西省水生态文明建设评价暂行办法》等文件，落实并推进江西省水生态文明建设，并确定第一批和第二批江西省水生态文明试点，依托试点积极构建市、县、乡（镇）、村四级联动水生态文明建设格局。2014 年 9 月，江西省委、省政府出台的《中共江西省委 江西省人民政府关于深化水利改革的意见》（赣发〔2014〕24 号），对水生态文明建设提出了要求和具体任务，大力推进水生态文明建设。2015 年 8 月，省水利厅出台了《江西省水利厅关于印发加快推进水生态文明建设指导意见的通知》（赣水发〔2015〕2 号），明确江西省水生态文明建设目标和建设内容。2016 年 1 月，《江西省水利厅关于印发江西省水生态文明建设五年（2016—2020 年）行动计划的通知》（赣水发〔2016〕1 号），针对水生态文明指导意见确定分期实施工程与目标，加快推进水生态文明建设。

开展江西省水生态文明建设，需要做好水生态文明建设与评价关键技术研究，指导江西省水生态文明市、县、乡（镇）、村的试点建设，进而为江西省水生态文明建设提供必要的依据。

3．"河长制"实施的要求

江西省河湖水系众多，水资源丰富。在江西省实施生态文明先行示范区建设的背景下，2015年11月1日，江西省委办公厅、省政府办公厅印发《江西省实施"河长制"工作方案》，该方案按照《江西省生态文明先行示范区建设实施方案》的要求和《中共江西省委 江西省人民政府关于建设生态文明先行示范区的实施意见》（赣发〔2014〕26号）的精神，建立健全河湖保护管理体制机制，并在全省范围内实施"河长制"，明确河湖水域面积保有率、自然岸线保有率、重要水功能区水质达标率、地表水达标率和集中式饮用水水源地水质达标率等考核指标。"河长制"是水生态文明建设的重要内容，开展水生态文明建设可以为"河长制"的实施提供指导依据。

4．江西省生态文明先行示范区建设的要求

2013年12月2日，国家发展改革委等六部委印发《国家生态文明先行示范区建设方案（试行）》，要求按照十八大、十八届三中全会关于加快推进生态文明制度建设的精神，组织开展生态文明先行示范区建设活动。2014年11月4日，国家发展改革委等六部委正式批复《江西省生态文明先行示范区建设实施方案》，并要求江西加快推进生态文明先行示范区建设。2014年12月31日，江西省委、省政府印发《中共江西省委 江西省人民政府关于建设生态文明先行示范区的实施意见》（赣发〔2014〕26号），构建52个江西省生态文明先行示范区建设目标体系，其中对水资源和水生态环境方面的指标，如用水总量、水资源开发利用率、自然岸线保有率、河湖水域面积保有率、重要水质功能区水质达标率、城镇污水集中处理率、主要污染物排放总量等，提出了总体和阶段性目标。水生态文明建设能够有效地调动各级行政资源，落实河湖整治、河道管理和河湖水生态环境保护等措施，保障江西省生态文明先行示范区的水资源、水生态相关指标的落实，符合江西省生态文明先行示范区建设的要求。

5．国家生态文明试验区建设的要求

2016年8月12日，江西省被批准建设国家生态文明试验区。2017年9月23日，中共中央办公厅、国务院办公厅印发了《国家生态文明试验区（江西）实施方案》。2017年9月30日，江西省委、省政府又印发了《关于深入落实〈国家生态文明试验区（江西）实施方案〉的意见》（赣发〔2017〕26号）。该实施方案明确指出，打造鄱阳湖流域为山水林田湖草综合治理样板区，积极探索大湖流域生态文明建设新模式，构建生态文明领域治理体系和治理能力现代化新格局，奋力打造美丽中国江西样本。《国家生态文明试验区（江西）实施方案》对江西省生态文明建设、水生态文明建设提出了新的要求，推进江西省水生态文明建设符合国家生态文明试验区建设的要求。

6. 江西省水生态文明建设要求

江西省正处于加快发展、转型升级的关键时期，实现水资源的永续利用，支撑经济社会的可持续发展，必须未雨绸缪。在国家加快推进水生态文明建设的背景下，江西省稳步推进省内水生态文明建设工作。2014 年 4 月，《关于印发〈江西省水利厅推进水生态文明建设工作方案〉的通知》（赣水资源字〔2014〕22 号）要求至 2020 年全省水生态文明建设覆盖一半以上的县、乡（镇）、村。2014 年 6 月，江西省水利厅在积极开展南昌市、新余市和萍乡市国家级试点建设的基础上，决定在全省开展省级县、乡（镇）、村水生态文明试点县建设和自主创建活动，着力构建市、县、乡（镇）、村"四级联动"的水生态文明建设格局，探索符合江西实际的水生态文明建设模式。

2014—2015 年，江西省水利厅分两批先后确定了水生态文明建设试点县 3 个、乡（镇）48 个、村 258 个。各试点区按照江西省水利厅发布的《江西省水生态文明评价办法》进行建设，其中莲花县、会昌县和共青城市水生态文明试点县建设实施方案顺利通过评审，一批水生态文明乡（镇）和村也相继通过验收并挂牌。开展江西省水生态文明建设与评价关键技术研究，可为江西省水生态文明示范建设提供技术支撑。

7. 加强河湖管理，保障鄱阳湖一湖清水的要求

《水利部关于深化水利改革的指导意见》（水规计〔2014〕48 号）、《水利部关于印发〈关于加强河湖管理工作的指导意见〉的通知》（水建管〔2014〕76 号）、《中共江西省委　江西省人民政府关于深化水利改革的意见》（赣发〔2014〕24 号）等文件在健全河湖管理法规、建立河湖规划约束机制、创新河湖管护机制、依法严禁涉河违法建设活动、强化河湖管理日常巡查、严厉打击违规违法行为、实行河湖蓝线管理制度和全面推行河道管理河长制等方面提出了目标和要求。2015 年 8 月 20 日，江西省水利厅印发《江西省水利厅关于印发加快推进水生态文明建设指导意见的通知》（赣水发〔2015〕2 号），结合该指导意见，江西省水利厅印发《江西省水生态文明建设五年（2016—2020 年）行动计划》，提出未来五年江西省水生态文明建设的行动纲领，并在强化河湖管理中指出，要规范涉河建设项目管理，强化河道堤防管理，开展河湖水域岸线保护和利用规划编制工作，探索建设项目占用水域补偿制度，严厉打击涉河违法违规行为，加强河湖管理动态监控。2015 年 4 月 16 日，国务院正式发布《水污染防治行动计划》，要求按照生态文明和水生态文明要求，系统推进水污染防治、水生态环境保护和水资源管理。水污染综合防治是现阶段生态文明和水生态文明建设的重要组成部分。

河湖管理、河湖水资源保护和水污染防治涉及的部门众多，开展江西省水生态文明建设与评价关键技术研究，为落实河湖管理指导意见和鄱阳湖流域水污染防治计划提供技术支撑，对保护水资源，保障鄱阳湖一湖清水，进而打造生态江西具有重要意义。

1.3 水生态文明概述

1.3.1 生态文明理论发展

生态文明是继原始文明、农业文明、工业文明之后的一种文明状态。生态文明是由生态和文明两个概念组合构成的复合概念。"生态"一词源于希腊语，本意指环境，现指生物在一定的自然环境下生存和发展的状态。1865年德国动物学家厄恩斯特·海克尔从生态学科理论演化的角度最早提出"生态"一词，认为动物对于无机和有机环境所具有的关系就叫生态。生态学的产生最早也是从研究生物个体开始的，当今社会，生态一词涉及的范围也越来越广，不论是植物、动物、微生物以及经济发展等方面都有一定程度的涉及。

"文明"一词源远流长，大约有2000多年的历史，被中外人们广泛使用。文明在我国的《尚书》、《周易》、清代李渔《闲情偶寄》中都有提及，孙中山在《建国方略·心理建设》中提出："实际则物质文明与心性文明相待，而后能进步。中国近代物质文明不进步，因之心性文明之进步，亦为之稽迟。"在西方，"文明"一词的英文是civits，词源来自于拉丁语，原意为公民的道德品质和社会生活规则。据语言学家克恩考证，"文明"一词于1754年由杜尔阁首次使用。1767年，苏格兰的亚当·弗格森出版了《文明社会史论》一书，较早地研究了古代文明的社会和政治问题。英国人类学家泰勒于1871年出版的《原始文化》一书中曾对"文明"作过一种界定：文明是人类发展起来的高级属性和社会发展的一种高级状态，是人类文明发展的高级阶段。它的界定使文明成为一个独立的概念。美国人类学家摩尔根在《古代社会》中把人类社会划分为蒙昧、野蛮、文明三个发展阶段，使文明成为人类社会发展的一个独立的阶段。

20世纪中叶以来，面对日益严峻的社会经济发展与生态环境之间的矛盾，西方的一些思想家开始深刻反思长期以来主导人类社会发展的唯物质生产模式，寻找新的发展思路和理念，并在一些西方发达资本主义国家内兴起了绿色运动。1962年，美国女作家卡尔逊出版了《寂静的春天》一书，提出人类应当与其他生物相协调、共同分享地球的思想，向人们主导的"控制自然"的观念发起挑战，被认为是现代环境主义运动开始的标志。20世纪70年代，西方开展绿色运动：1972 年和 1976 年，赖斯出版了《自然的统治》和《增长的极限》；1975 年和 1979 年，阿格尔出版了《论幸福的生活》和《西方马克思主义概论》，详尽地说明了关于现代社会生态危机的观点，指出生态危机是当代资本主义的主要危机。

文明社会逐渐认识到人类活动对自然环境的改造同时也可能是一种"破坏"。1972 年，联合国在斯德哥尔摩召开了第一次人类环境与发展会议，发表了著名的《人类环境宣言》，从而揭开了全人类共同保护环境的序幕。同年，罗马俱乐部发表了研究报告《增长的极限》，揭示了无限经济增长是当前全球性环境恶化的根源，激发了全球性环境研究和绿色生态运动的热潮。1980 年联合国制定的《世界自然保护大纲》明确提出"可持续发展的概念"。1983 年 11 月，联合国成立了世界环境与发展委员会，并于 1987 年发布名为《我们共同的未来》的研究报告，正式提出了可持续发展的模式，成为人类社会构建生态文明的纲领性文件。1992 年，在巴西里约热内卢召开了联合国环境与发展大会，大会通过《21 世纪议程》，使可持续发展思想由理论变成了各国人民的行动纲领和行动计划，为生态文明的建设提供了重要的制度保障。2002 年，联合国在南非约翰内斯堡举行可持续发展世界首脑会议，要求各国更好地执行《21 世纪议程》的量化指标，成为人类建构生态文明的一座重要里程碑。2012 年，联合国在巴西里约热内卢召开联合国可持续发展大会，是国际可持续发展领域举行的又一次大规模、高级别的以可持续发展为主题的全球性会议。会议针对"可持续发展和消除贫困背景下的绿色经济""促进可持续发展机制框架"两大主题，围绕"达成新的可持续发展政治承诺""全面评估过去二十年可持续发展领域取得的进展和存在的差距""应对新挑战制订新的行动计划"三大目标，进行了深入讨论，正式通过《我们憧憬的未来》这一大会成果文件。

1.3.2 生态文明内涵

生态文明理念有广义与狭义之别。广义上的生态文明是继工业文明之后，人类社会发展的一个新阶段，不仅要求实现人类与自然的和谐，而且也要求实现人与人的和谐，是全方位的和谐。狭义上的生态文明是指文明的一个方面，即相对于物质文明、精神文明和制度文明而言，人类在处理同自然的关系时所达到的文明程度，要求实现人类与自然的和谐发展。

生态文明是人们在对传统工业进行反思的基础上，探索建立一种可持续发展的理论及其实践成果，是继原始文明、农业文明、工业文明之后的人类文明的一种新的文明形态。生态文明是指人类遵循人、自然、社会和谐发展这一客观规律而取得的物质与精神成果的总和，是指以人与自然、人与人、人与社会和谐共生、良性循环、全面发展、持续繁荣为基本宗旨的文化伦理形态。

1.3.3 我国生态文明理念发展历程

20 世纪 60 年代以后，关于生态文明的理论研究开始加速发展，国外生态文明研究步入正轨。我国生态文明研究兴起于自 20 世纪 80 年代，是我国改革开放过程中逐渐凸现出来的新课题，并把生态文明建设观念不断融入到社会经济发展战略中来。

20 世纪 80 年代，提出绝不能走"先污染、后治理"的老路，并把环境保护确定为基本国策。

1994 年，首次提出把可持续发展战略纳入经济社会发展长远规划。

1997 年，党的十五大报告明确提出实施可持续发展战略。

2002 年，党的十六大提出"走新型工业化道路"，推动整个社会走上生产发展、生活富裕、生态良好的发展道路。

2003 年，党的十六届三中全会提出科学发展观，强调"统筹人与自然的和谐发展"。

2005 年，中央人口资源环境工作座谈会上提出了"生态文明"，并指出要切实加强生态保护和建设工作，完善促进生态建设的法律和政策体系，制定全国生态保护规划，在全社会大力进行生态文明教育。

2007 年 10 月，党的十七大把建设生态文明列为全面建设小康社会目标之一并作为一项战略任务确定下来，提出要基本形成节约能源资源和保护生态环境的产业结构、增长方式、消费模式，推动全社会牢固树立生态文明观念。

2009 年 9 月，党的十七届四中全会把生态文明建设提升到与经济建设、政治建设、文化建设、社会建设并列的战略高度，作为中国特色社会主义事业总体布局的有机组成部分。

2010 年 10 月，党的十七届五中全会提出要把"绿色发展，建设资源节约型、环境友好型社会""提高生态文明水平"作为"十二五"时期的重要战略任务。

2011 年 3 月，我国"十二五"规划纲要明确指出，面对日趋强化的资源环境约束，必须增强危机意识，树立绿色、低碳发展理念，以节能减排为重点，健全激励与约束机制，加快构建资源节约、环境友好的生产方式和消费模式，增强可持续发展能力，提高生态文明水平。

2012 年 7 月 23 日，时任中共中央总书记胡锦涛在省部级主要领导干部专题研讨班上指出，必须把生态文明建设的理念、原则、目标等深刻融入和全面贯穿到我国经济、政治、文化、社会建设的各方面和全过程，坚持节约资源和保护环境的基本国策，着力推进绿色发展、循环发展、低碳发展。

2012年12月，习近平总书记在十八大报告中提出，建设生态文明，是关系人民福祉、关乎民族未来的长远大计。面对资源约束趋紧、环境污染严重、生态系统退化的严峻形势，必须树立尊重自然、顺应自然、保护自然的生态文明理念，把生态文明建设放在突出地位，融入经济建设、政治建设、文化建设、社会建设（"五位一体"）各方面和全过程，努力建设美丽中国，实现中华民族永续发展。

1.3.4　生态文明建设进展

2007年，党的十七大提出生态文明建设概念。2010年，党的十七届五中全会通过的《中共中央关于制定国民经济和社会发展第十二个五年规划的建议》明确提出要破解日趋强化的资源环境约束，必须加快建设资源节约型、环境友好型社会，提高生态文明水平。为深入贯彻落实科学发展观，加快推动经济发展方式转变，提高生态文明建设水平，2011年10月17日，国务院印发《关于加强环境保护重点工作的意见》（国发〔2011〕35号）。该文件明确要求将推进生态文明建设试点、制定生态文明建设的目标指标体系纳入地方各级人民政府绩效考核，考核结果作为领导班子和领导干部综合考核评价的重要内容，作为干部选拔任用、管理监督的重要依据，为全面推进生态文明建设指明了方向。2012年12月，十八大报告把生态文明建设与经济建设、社会建设、政治建设和文化建设提高到统一高度。随着社会经济的不断发展，生态文明建设理念和思路逐渐清晰。

1.3.5　水生态文明研究进展

1.3.5.1　水生态文明

1. 水生态文明的定义

水是生态环境的控制性要素，水生态文明是生态文明的核心组成部分，是可持续发展理念的具体体现。加快推进水生态文明建设，是建设美丽中国的资源环境基础，是生态文明的水利载体。《山东省水生态文明城市评价标准》（DB37/T 2172—2012）将水生态文明定义为人们在改造客观物质世界的同时，以科学发展观为指导，遵循人、水、社会和谐发展客观规律，积极改善和优化人与水之间的关系，建设有序的水生态运行机制和良好的水生态环境所取得的物质、精神、制度方面成果的总和。《水生态文明城市建设评价导则》（SL/Z 738—2016）将水生态文明定义为：人类遵循人、水、自然、社会和谐发展这一客观规律而取得的物质和精神成果的总和，贯穿于经济社会发展和"自然-人工"水循环的全过程和各方面，反映社会人水和谐程度和文明进步状态。

马建华（2013）则在报告中详细阐述了水生态文明的定义：水生态文明是

9

生态文明建设的重要载体，也是生态文明的重要内容和基础保障，即人类在处理与水的关系时应达到的文明程度，是人类社会与水和谐相处、良性互动的状态。郭晓勇（2014）认为水生态文明即在充分尊重水的自然属性、经济属性、社会属性的基础上，通过进行水资源的开发、利用、治理、配置、节约和保护，并在这些活动中实现人与水、人与人、人与社会的和谐，使有限的水资源能够更好地支撑经济、社会的可持续发展所逐步积累起来的一系列物质财富和精神财富。梅锦山（2013）就水生态文明建设本质进行阐述，指出水生态文明其实是区域发展的一部分，反映了人与自然和谐发展的客观诉求，并指出基于空间差异的水生态文明分区分类建设是顺应国际形势和趋势的必然要求。

2. 水生态文明的内涵

《水生态文明城市建设评价导则》（SL/Z 738—2016）中的水生态文明包含三个方面内涵："自然-人工"水循环状态、经济社会发展各方面与水的关系、人类治水管水取得的物质和精神成果。颜宏亮等（2014）认为水生态文明建设的具体内涵包括人水和谐、水资源问题、生态保护、工程与景观为一体以及科学合理的管理体系几个方面。

建设水生态文明就是把生态文明理念融入水利工作各个方面和各个环节，这不仅是工程技术问题，更是一种文化伦理和社会管理问题，反映了一个社会的文明进步状态，是治水理念的最高境界。落实水生态文明就是要打造水清、岸绿、河畅、湖美的美丽家园。

水生态文明建设比水生态系统保护与修复具有更高的层次、更广阔的视角、更丰富的内容，是传统水利工作内涵的升级，是落实新时期民生水利、生态水利建设的重要方向（唐克旺，2013）。水生态文明反映的是人类处理自身活动与自然关系的进步程度，是人与社会进步的重要标志（郝少英，2011）。水生态文明建设要求在水资源的开发利用中要具有科学的水生态发展意识，健康有序的水生态运行机制，和谐的水生态发展机制，全面、协调、可持续发展的态势，实现经济、社会、生态的良性循环与发展以及由此保障的人和社会的全面发展。

3. 水生态文明内容与进展

水生态文明建设是生态文明建设的衍生产物，与可持续发展的治水思路、民生水利理念相互联系、相辅相成、相互促进（王茂林等，2014）。水生态文明建设是以水生态系统为对象，通过工程性措施与非工程性措施建设，使其满足人类社会发展需求，并最终形成一种可自我更替、完善的良性演化过程（张诚等，2014）。《水利部关于加快推进水生态文明建设工作的意见》（水资源〔2013〕1号）中水生态文明建设的重点，包括落实最严格水资源管理制度、优化水资源配置、强化节约用水管理、严格水资源保护、推进水生态系统保护与修复、加强水利建设中的生态保护、提高保障和支撑能力以及广泛开展宣传教育 8 个方面。

党的十八大把生态文明建设摆在了中国特色社会主义"五位一体"的高度，开启了社会主义生态文明的新时代。水行政主管部门根据水生态文明建设目标要求将其内容概括为 5 个方面：①以实行最严格水资源管理制度为内容，着力开展制度建设和行为约束；②以江河湖库水系连通为途径，着力优化水资源配置，促进生态系统自然修复；③以拓展城市水利工作为重要方向，着力推动节约、集约利用水资源；④以敏感区域的水生态系统保护与修复为重点领域，着力改善水资源、水环境、水生态状况；⑤开展水情教育，树立水生态文明理念，并将其作为长效机制，着力营造有利于水生态文明建设的社会氛围（陈明，2014）。

综上所述，水生态文明建设是一项系统工程，涉及水资源、水环境、水生态、水安全、水文化等诸多方面。水生态文明建设的核心是制度创新，重点是贯彻落实好用水总量控制、用水效率控制和水功能区限制纳污"三条红线"，建立系统的法律和制度体系，依法保护水环境，开发利用水资源（张振江，2015）。

为了实现水资源可持续利用，促进人水和谐，扎实推进水生态文明建设各项工作，水利部按照习近平总书记"节水优先、空间均衡、系统治理、两手发力"的新时期治水思路，把水生态文明建设与最严格水资源管理制度实施、江河湖库水系连通、中小河流治理、高效节水灌溉、水土流失治理、农村水电以及水利风景区建设等工作有机结合起来，整体布局，有机衔接，协调推进。2015 年 8 月，江西省水利厅出台的《江西省水利厅关于加快推进水生态文明建设的指导意见》（赣水发〔2015〕2 号）成为未来一个时期江西省水生态文明建设的行动纲领。该意见指导水生态文明建设逐步实现五个转变：从控制洪水向管理洪水转变；从重建设、轻管理向管理优先、建管并举转变；从重开发、轻保护向重视保护、科学开发转变；从重治理、轻预防向预防保护优先、防治并重转变；在涉水事务管理方面，逐步实现从分散管理向统一管理转变。在工程建设方面，以防洪安全、供水安全、生态安全等"三大安全"工程建设夯实水生态文明建设基础。在管理提升方面，以水资源红线管理、河湖管理、水利建设管理、水利工程管理、节水管理、应急监测管理等"六大管理"提升水生态文明建设效力。在改革创新方面，以水权制度、河长制、水利工程管理体制、水生态文明建设市场化机制、水利科技创新等"五大改革"激发水生态文明建设活力。

1.3.5.2　水生态文明评价指标

随着生态文明建设的不断深入，我国首创式提出了开展水生态文明建设

（褚克坚等，2015）。学者们加快了对这一新概念的研究和探讨，尤其在水生态文明评价指标体系方面，国内诸多学者取得了一定成果。2012年，山东省在国内率先颁布《山东省水生态文明城市评价标准》（DB37/T 2172—2012），这是全国第一个水生态文明城市省级地方评价标准，标准主要包括水资源、水生态、水景观、水工程以及水管理等5方面23个评价指标在内的评价指标体系，重点突出了水资源评价与水生态评价，体现了水生态文明城市在保护水资源、修复水生态、改善水环境方面发挥的重要作用，并强调了水资源可持续利用，以水定发展，以水调结构，规划产业布局的核心理念。丁惠君等（2014）在充分参考已有文献、技术资料及有关地区建设经验的基础上，通过专家咨询与问卷调查相结合的方法，构建了江西省莲花县水生态文明建设评价指标体系，该指标体系涵盖了水安全、水环境、水生态、水管理、水景观和水文化共6方面25个指标。褚克坚等（2015）基于水生态文明理念，结合长江下游丘陵库群河网地区城市的区域特征，分析城市水生态文明评价因子内涵，从水资源安全、水生态环境、水文化、水管理等4个方面，构建了共3个层次26个指标的长江下游丘陵库群河网地区城市水生态文明评价指标体系。2016年，水利部发布了《水生态文明城市建设评价导则》（SL/Z 738—2016），为在全国范围内创建水生态文明城市提供了重要指标，这也是水利部门近年来贯彻落实生态文明建设的具体成果之一。

水生态文明评价指标体系的构建离不开构建原则的把握，刘海娇等（2013）提出指标体系构建的原则包括主导性原则、客观性原则、可操作性原则、可比性原则；王建华等（2013）提出指标体系构建的原则包括科学性原则、独立性原则、系统性原则、可量化原则、整体与区域兼顾原则、与现有工作基础相结合原则；高华等（2013）提出指标体系构建的原则包括全面性原则、代表性原则、定量化原则、可操作性原则；兰瑞君（2016）等提出水生态文明建设评价指标体系遵循客观性与针对性、定量性与相对性、可操作性与可比性等原则。可以看出，学者们普遍提出了客观性、可操作性与可量化原则，其原因是所构建的各评价指标是客观存在的，且符合河湖区域发展实际，是被广泛认可且可使用的，能反映河湖水生态文明发展水平，具备客观性；在实际评价过程中应当考虑到工作人员在评价中可能遇到的问题和阻碍，使选取的指标可以充分发挥作用，具备可操作性。并且，单纯的定性不足以准确地反映出水生态文明状况，所以要增加可量化的原则，用数据支撑理论进行横向、纵向比较，使得水生态文明评价指标体系更具有公信度。同时，学者们对于全面性原则和系统性原则也较为重视，其原因是在选取水生态文明评价指标的时候应当统筹兼顾、总揽全局，将水系所包含功能的评价要素全部纳入进去，但只这样做会造成水生态文明评价指标的简单罗列，所以要遵循系统性原则。因此，应在理清水生态复合系统下每个子系统间的客观联系以及水生态系统与其他系统如土地利用系统、社会经济系统、社会制度系统之间联系的条件下，选取具有典型性和代表性的指标。

关于指标体系的分类可以总结为两种，即按照水资源的功能进行分类和按照不同的评价系统进行分类。

（1）按照水资源的功能进行分类。崔东文（2014）从水资源、水环境、水生生物、水利用、水管理和水文化等6个方面遴选出24个具体代表性的指标构成水生态文明评价指标体系。王建华等（2013）从4个方面对指标体系进行划分，包括水生态体系、水供用体系、水管理体系、水文化体系，并以此为基础提出了25个约束性指标以及10个特色指标，其中25个约束性指标在系统性上分类清晰，并且指标可量化，便于收集数据，可操作性强。该指标体系在防洪排涝指标的构建方面还可以进一步补充完善。张晓芳（2013）通过对苏州城市水生态文明评价体系与建设策略的研究，从水资源保护与水环境健康、水生态与环境安全、水文化与水景观、防洪除涝减灾、水污染防治与水资源高效利用5个方面进行指标体系的结构划分，提出了33个评价指标。

（2）按照不同的评价系统进行分类。例如，黄苗（2013）立足我国国情，将城市水生态指标体系划分为水资源指标、水生态系统健康指标、社会指标、经济指标。唐克旺（2013）将水生态文明评价指标体系划分为由水生态系统及社会经济系统构成的多层评价指标体系。

1.3.5.3　水生态文明评价模型与方法

目前我国水生态文明已经取得了大量的研究成果，但定量化研究并不深入，尚未形成完善的评价方法体系，整体上处于以概念、内涵研究为主，逐渐向定量研究深化的探索阶段（左其亭等，2016）。关于水生态文明建设评价，一般采用多指标法，选出具有代表性的指标，并通过对指标分析归类，计算各指标权重，选择恰当的方法或者模型对研究对象进行综合评价。

1. 层次分析法

层次分析法是将一个目标问题分解为不同的层次，构建一个阶梯层次结构模型，以定性和定量分析相结合解决问题的方法。它能把一个复杂的多目标决策问题作为一个系统，使决策者对复杂系统的本质和系统要素间的相互关系了解得十分透彻（胡洪营等，2005）。陈璞（2014）利用层次分析法计算六安市水生态文明城市评价指标体系各指标权重，并依据《安徽省水生态文明城市和水环境优美乡村评价暂行办法》中水生态文明城市指标标准，对六安市2008—2012年五年水生态文明程度进行了评价。

2. 物元可拓分析法

物元可拓分析法是利用物元模型和可拓集合把所要研究系统中的现实问题

转化成形象化的问题模型和解决问题过程的模型，从而更全面、直观地解决问题，为决策提供可靠依据的方法（蔡文，1994）。它是直接面向决策问题的数学方法，通过建立物元和关系元得到决策问题的形象化模型，利用物元可拓集和关联函数分析解决问题的方法。基于物元分析法建立模型来评价水生态文明多指标性能参数，还可以用定量的数值表示评价结果，因此能够全面反映水生态文明状况。王丹（2015）选择物元分析法，根据待评物元和选取指标特征依次组成经典域矩阵、节域矩阵、待评物元矩阵，计算出每个评价指标对应评价等级的关联系数，得到水生态文明综合关联度，对南昌市水生态文明状况做出综合评价。

3. 模糊综合评价法

模糊综合评价法是以模糊推理为主，定性与定量相结合、精确与非精确相统一的评价方法。模糊综合评价可以较全面地分析出水生态文明相对优劣状况。通过研究区水生态文明等级划分，计算水生态文明隶属度，构建隶属度矩阵，采用加权平均法计算水生态文明综合指数，分析水生态文明状况。班荣舶等（2015）对安顺市水生态文明建设进行探讨时，对模糊评价法进行了探讨。褚克坚等（2015）根据模糊理论，运用基于专家咨询的层次分析法确定各层级指标权重，依据柯西分布函数确定隶属度，建立长江下游丘陵库群河网地区城市水生态文明的模糊综合评估模型，对长江下游丘陵库群河网地区某市2012年水生态文明建设状况进行了评价。

4. 指标量化-多要素综合-多准则集成法（SMI-P）

单指标量化是指按照一定的方法，分别计算定量指标和定性指标的水生态文明度。定量指标采用分段模糊隶属度函数的方法计算水生态文明度；定性指标首先按照百分制的原则划分等级，再按照打分调查的方式确定水生态文明度。多指标综合是在单指标量化的基础上，按照权重把多个指标合并为一个准则的评价指标，分为加权平均计算和指数加权计算两种形式。多准则集成是在多个准则评价结果的基础上按照权重集成为总体的评价结果。左其亭等（2016）将其运用于河南省水生态文明定量评价，评价结果为河南省水生态文明进一步的建设方向和重点任务提供了参考。

1.4 水生态文明建设体制与机制研究

1.4.1 体制与机制的理解

20世纪80年代以来，"体制""机制"是我国文字语言中使用频率最高的词语之一，大到表达国家的经济结构，小到表述企业的管理状态，人们广泛地使用着"体制""机制"。在检索的文献中我们发现，学界对"体制""机制"尚无统一、权威的表述，在很多情况下，对其的阐释也各不相同。李程伟（2005）把体制理解为"制度规则、组织机构、运行机制"，谢庆奎等（2006）认为体制是"组织结构、功能作用及相互关系"，何增科（2007）认为体制是一系列具有约束力的规则和程序性安排。《辞海》中把体制界定为关于"机构设置、领导隶属关系、管理权限划分"的"体系、制度、方法、形式"（辞海编辑委员会，1989）。在《现代汉语词典》中，对机制有四种解释：机器的构造和工作原理；有机体的构造、功能和相互关系；某些自然现象的物理、化学规律；工作系统的组织或部分之间相互作用的过程和方式（中国社会科学院语言研究所词典编辑室，2002）。

（1）结构与体制。社会系统是由基本要素——人（由人组成的社会子系统比如企业、学校、军队、国家等要素）自上而下或自下而上分级多层构建而成的具有层次性的整体。社会系统的子系统之间既具有纵横交错的相互联系，又各自独立为相对完整的社会组织。社会系统中的每一社会组织，都是由人这种基本要素及其由人组成的多层次要素构成的。人在社会系统中的地位相当于分子、细胞、芯片等在自然系统中的地位，属于基本元素；人及由人组成的机构等多层次要素组成的社会组织的"结构"就是"体制"。体制是社会组织中人与人、机构与机构之间的相对位置与相互关系。体制构建的原则是人与人、机构与机构、人与机构等要素之间具有相对稳定的联系方式、组织秩序及反馈控制关系；人与人、机构与机构、人与机构等要素之间的职责、职能不交叉，来自社会系统内、外的常规性、非常规性工作均无遗漏。由若干单层结构或单层体制组成立体的复杂系统，是自然系统物体的"结构"或社会系统社会组织的"体制"。物体的结构与社会组织的体制都表现为构成系统的各要素之间的相对位置和相互关系（张思锋和张立，2010）。

（2）功能与机制。社会系统或社会组织的运动，表现为社会组织内部各要素之间或社会组织之间的相互作用。这些相互作用表现为，由社会系统的要素即人员、机构之间在人力、物力、财力、信息等方面的互动、联动、反馈等动力传导过程及其结果、成果。我们把社会系统要素之间的互动、联动、反馈等过程及其结果、成果称为社会组织体制的"机制"。当社会系统的外部或内部对系统任一环节给予信号刺激，机制就会使系统按照体制设计的逻辑做出相应的系列反应，实现系统的目标。功能与机制都是构成系统各要素之间的相互作用及结果。不同的是，功能是自然系统物体运动过程的能量转化及其做功，机制是社会系统社会组织活动中人员、机构之间分工、协作的过程及结果。物体结构的"功能"是按照自然规律或事先设计的程序自动实现的，社会组织机制运行的结果却受到社会组织体制的基本元素——人的主观能动性正向的促进或负向的干扰（张思锋和张立，2010）。

如同功能的载体是物体的结构一样，机制的载体是社会组织的体制。由于自然系统是以亿年、百亿年为演进的时间单位，自然物体是自然界长期进化而成的。因此，自然物体的结构及其功能已经臻于完善。判断体制好坏的标准是看它能否产生一个好的机制；判断机制好坏的标准是从体制内、外给系统某要素一个刺激信号，然后观察系统能否自动、迅速地做出系列反应，即社会组织内的人员、机构之间能否通过人力、物力、财力、信息等方面的互动、联动、反馈，实现预想的结果。由于社会系统是以 10 年、100 年为演进的时间单位，人类有文字记载的社会组织大约只有 5000 年的历史。因此，与自然系统相比，人类社会组织的体制还是初步的，社会组织体制的机制也是不尽完善的。

1.4.2　国外水生态文明建设体制机制相关进展

水生态文明建设是以区域水资源和水环境承载能力为约束，以维持河湖健康和水生态系统良性循环为目标，通过优化水资源配置、强化水资源节约保护、实施水生态综合治理、加强涉水制度建设，来实现水资源可持续利用，促进人水和谐。国外发达国家水环境经历过"先污染、后治理"的过程。这些国家充分认识到了生态建设，尤其是水生态文明建设的重要性，已经形成当前较为先进的体制机制构架。以下主要从与水生态文明建设密切相关的水资源管理与水环境方面入手，梳理国外的最新体制机制进展。

1.4.2.1　行政区域和流域相结合的水生态文明建设体制机制

美国和澳大利亚主要是以联邦和各州为单位进行水资源、水环境管理，并且强调流域层面上的管理。

1. 美国

美国水资源、水环境的管理涉及三级机构：联邦政府机构、州政府机构和地方政府机构，分别由农业部的自然资源保护局、国家地理调查局的水资源处、内务部下属的垦务局、国防部下的陆军工程兵团和国家环境保护署依据联邦政府授权的职能各司其职。根据宪法，联邦政府负责制定水资源管理的总体政策和规章，由州负责实施，州际间水资源开发利用的矛盾则由联邦政府有关机构进行协调，如果协调不成则往往诉诸法律，通过司法程序予以解决（刘丹花，2015）。

1969 年美国通过了《国家环境政策法》，1970 年成立了国家环境保护署，它将原来分散于 5 个联邦政府部门内由 15 个机构各自执掌的环境管理权力集中交由国家环境保护署行使，使得国家环境保护署成了一个拥有统一水资源管理权限的核心管理部门。国家环境保护署按照环保需求，订立对应的规则和条文，对水资源的整治和管理进行统一的部署，这样就有效地避免水资源的浪费和破坏。国家环保保护署对水资源的整体现状进行分析和研究，在美国划分出不同的水资源区域，使得水资源的管制效率大大提升，同时在每个区域成立当地的办事机构，替代全国性的机构来履行权力。美国是典型的联邦国家，各地对水资源的管理都拥有一定的权限，各地方管辖区将所属区域内的水资源管理权下放到各州。因此，美国的水管理基本上以州为单位进行，各州都分设相应的职能部门进行水资源的管理，而且与联邦政府行使相等同的立法权限。自然资源环保局隶属于农业部，主要负责水资源的开发和防护。国家地理调查局所辖的水资源处负担多方搜聚、监察和剖析国家范围内的各种水文信息资料，同时为水资源的开发利用提供政策性意见。内务部下属的垦务局担负筹划水力发电举措和水质水量维护。国防部下辖的陆军工程兵团首要负担经由政府筹建支撑的大规模水利工程的策划和开工。这些职能部门的建立主要是为了防止因部门重复管理而出现效率浪费的现象，国家环境保护署居于最高层级的位置，具有最高的管控权和最终决定权力。在联邦政府的同一率领下，每个部门职司明确，能够很好地进行分工和配合，同时也能够很好地相互制约与合作，形成一个高效的管理体系（马军惠，2008；杜桂荣等，2012）。

另外，美国是国际上流域管理相对比较成熟的一个典范。田纳西河的流域管理被看成是依托法令确保水资源管理和保护成功施行的样板。依据《田纳西流域管理法》设立的田纳西河流域管理局（TVA），田纳西流域施行综合性的开拓整治。TVA按照水资源的情势设立，成立董事会，组织成员由总统提名，经由两院表决后进行委任，同时直接接受总统和国会的领导。TVA被确认为联邦层面的一级机构，其首要职责包括单独的人力资源管理权，对水资源的征税权力，水资源的修建权力以及其他范畴的投资管理事宜，并代理联邦政府机构履行流域内经济发展与整合管制功能。TVA能够按照全局性流域开辟的原则，修改以及废止一些相对于《田纳西流域管理法》不合理或者有冲突的条文，同时拟定与之相对应的法律条文。田纳西河流域管理局运转中最值得借鉴的经验就是其把经济方法行之有效地使用到水资源的管制中，使其在职能上良好运转并变成事实。按照《田纳西流域管理法》与《联邦咨询委员会法》设立的区域性水资源管控协会，重点目标就是推动其辖区参加到整体的管理中，该协会能对水资源管理中的任何问题提出磋议和主张。它虽然是磋商意义上的组织，但为TVA与流域内各区域建立了沟通洽商途径，推进流域内各区域的公众主动参加到流域管理始末中（朱亚新，2008；赵亚洲，2009）。

美国水资源与环境管理运行机制的成功突出表现为高效的合作机制、完备的立法体系及市场机制等。

（1）高效的协调机制。产生跨界流域治理问题时，跨州协议是最通用的解决途径。这些协议详尽规定了协调机构设置、污染治理费用分配以及纠纷解决机制等内容（贾颖娜等，2016）。

（2）完备的立法体系。联邦除了为国内主要河流流域制定水资源综合发展和管理计划外，还通过立法强化联邦政府的权威性、控制性，并提供规划执行所需的资金支持。各州有权力建立州层面的有关水环境、流域治理的法律，但这些法案必须与联邦相关法案没有冲突，甚至是提出更高的要求，作为对联邦法的补充；美国《联邦水污染控制法》的执行条款融民事、行政、刑事等执行机制为一体，执行过程强调"重赏重罚"（俞树毅，2010）。

（3）引入市场机制。通过市场的自发调节和民间机构的运作，既减少了政府的直接干预、提高了管理效率，又节约了政府进行水资源管理的成本。重视发挥市场的作用开展水权及水质交易，实现了对水资源的合理利用和水质的有效保护。采取水权确定和水权交易使水资源得到有效配置，排污许可证制度与排污权交易使得排污者在获取剩余价值的驱动下积极减少污染物排放，水权和水质的交易作为探索中的模式，在客观上已经对美国河流保护公共职能的实现产生了有利的效果，调动了各州、各排污者的积极性，以市场竞争合作的途径达到了改善河流生态环境的目的（王卓妮等，2010）。

2. 澳大利亚

澳大利亚的水资源管理实行行政管理和流域管理相结合的体制。澳大利亚是水资源管理起步比较早的国家。早在 1912 年，新南威尔士等州就颁布了水法，1918 年就实行了取水许可制度。在水资源开发利用上重视资源的节约保护和综合利用，重视水环境和自然生态环境的保护。在管理上重视公众参与，建立起了由下而上的"社区—企业—政府"三位一体的管理体制（朱亚新，2008；赵亚洲，2009）。

澳大利亚的水管理大体上分为联邦、州和地方三级，但基本上以州为主，流域与区域管理相结合，社会与民间组织参与管理。成立于 1963 年的水资源理事会是澳大利亚水资源方面的最高组织，是全国的水资源咨询机构。水资源管理的日常工作由农业、渔业、林业和环境等部门承担。理事会负责制定全国的水资源研究规划，确定全国性的关于水的重大课题计划，制定全国水资源管理办法、协议等。

按照澳大利亚的联邦体制，澳大利亚各州对水资源管理是自治的，且州政府是水资源的拥有者。各州都有自己的水法及水资源委员会或类似机构，尽管机构名称不尽相同，但基本职责是一致的，都是根据水法负责水资源的评价、规划、监督和开发利用，建设州内与水有关的工程。州政府的管水机构代表州政府实施水资源管理、开发建设和供水分配，同时根据联邦政府确定的各州水资源总量，对州内用户按一定年限发放取水许可证，并收取费用。澳大利亚水资源综合管理的执行权在各州政府，各州政府有权制定本州的水法，对本州的地表和地下水资源进行统一管理。但《环境法》必须由联邦政府统一制定，各州政府无权自行制定。州政府以下，各地设水管理局，水管理局是水资源配额的授权管理者，包括城市和乡村水资源的管理（龚佳，2007）。

澳大利亚实行集中管控和分散管控相协调的组织设置方式，明了各州各级各地的职权，通过分级管控水资源，并且各级均为单独的水资源管控机构，这类水资源管控部门统一统筹和规划，如此可以防止多部门重叠管理，或者管控出现空白区域的情况，取得了良好的节水效果。

澳大利亚水资源管理的独特性就在于其按照流域划分进行水资源的管控。墨累-达令河流域在澳大利亚所有的流域中占据最重要的位置，在世界的水资源流域中也是比较大的流域，其水资源的管理也是在不断改善和完善的，尤其是在经济增长所带来的水资源管理的转变以及需求增强的情形下。

《墨累-达令河道管理协议》的组织体系是由澳大利亚的联邦政府和各州州政府联合达成的，其包括：墨累-达令流域部长理事会（Murray - Darling Basin Ministerial Council）、墨累-达令流域委员会（Murray - Darling Basin Commitee）和社区咨询委员会（史璇等，2012）。

墨累-达令流域部长理事会根据相关的协议已经形成了百年，是澳大利亚的一个决议计划协会，也是州际高等决议计划论坛，由澳大利亚水资源管控的机构带领，也吸纳其他州政府进行国土的整治、水利及环境资源等工作的组织为成员，以保护自然环境为目的。理事会达成的决策由下设的墨累-达令流域委员会履行。墨累-达令流域委员会以自治性的机构身份作为理事会的履行部门，并向墨累-达令流域部长理事会及缔约方当局报告并陈述完成目标。因此，墨累-达令流域委员会依照墨累-达令流域部长理事会的指示承担任务，采取措施，同时对水资源管控的整体规划进行核准、评议等（史璇等，2012）。

此外，澳大利亚还成立了社区咨询委员会，主要负责进行统一的政府行为并吸纳当地民众的意见和建议。它是部长调和部门，负担普遍搜集所有的建议，并举行调和，包括交换和实时公布相关信息。社区咨询委员会一般有20个以上的成员，分别来自各大州和流域及特殊的团体，比如社会农民协会、澳大利亚区域性的政府协会和澳大利亚工会理事会。咨询委员会将有关水资源管控的重点议题汇报给各大理事会以及每个社区。每个部门的职能明了，彼此间互相协作与磋商，实现了对整体水资源的综合管制。澳大利亚墨累河-达令河流域经验对水资源的统一利用和集中管理有很好的借鉴意义，同时它依赖切实有效的磋商机制，能够从整体性出发对水资源按照流域的标准进行切实的管控。

澳大利亚水资源与水环境方面的管理体制与运行机制有以下几方面值得借鉴：

（1）水资源管理的协商机制。具体表现为国家在各流域之间和流域范围内对水资源在各行政区域间进行统一分配。墨累-达令河流域协议，通过统一有效的规划和管理，希望达到平等、高效、可持续利用流域水、土和其他资源的目标。为实现这一目标，建立了 3 个层次的组织机构，这 3 个机构分工明确，相互衔接，相互配合，比较有效地进行了流域水资源的管理（史璇等，2012）。

（2）充分发挥市场机制。开放水权交易，其中用水额度可以自由交易，促使水资源向使用价值高的方面转移，使用水户更直接地参与供水管理；改革水价，促进节水，制定全成本水价，确保水的分配和收费结构能够对提高用水效率产生激励作用。以市场机制鼓励节约用水，对水资源分配中的水权关系、水量、水的可转让性等进行改革，允许进行地表水和有条件的地下水交易，即拥有水权的用户可以把自身在生产过程中节约下来的水以商品形式卖给需求者（邹玮，2013）。

（3）水资源登记和许可证制度。2004 年澳大利亚各州政府达成的国家水资源行动纲领，要求对全国现存的和新的水环境进行登记，详细地记录现存的和新的水环境状况，并把这些信息刊登在政府的官方网站上。为加强对水的有效利用，澳大利亚政府对农业用水实行许可制度，政府颁发许可证给用水的个人或企业，使用水或进行水权交易的任何人或企业都必须是许可证持有者（张艳芳和 Alex Gardner，2009）。

（4）公众广泛参与机制。水资源是与公众的生产、生活密切相关的自然资源。澳大利亚在水资源管理的各个环节，非常注重公众的参与，不但保证了项目决策的科学性，而且在实施过程中，能够得到民众的关注、理解和支持（张艳芳等，2009）。

1.4.2.2　以自然流域为单元的流域水生态文明建设体制机制

1. 法国

法国的水环境管理体制是典型的以流域为基础的水环境管理体制，法国有六大流域，各自的流域委员会和流域水管局对流域内水资源进行统一规划和管理。

法国的水环境管理机构包括国家级、流域级、地方级，并未单独设置国家级的水利管理组织，而是在国家环境部设立水利司，并在各大区设立区域水利处。环境部的职能在一定程度上行使了类似中国水利部的职能，它的主要职能是制定水环境的管理法律、法规并执行。农业部负责农业及村镇供水、农田灌溉和农业污水处理。设备部的主要职责是防洪。中央一级部门间的协调工作是由国家水资源委员会完成。

法国的流域管理体制运行得较为成功，各个流域管理机构在环境部和财政部的联合监管下，执行流域相应的流域管理职能，如制定流域水资源开发、利用和保护总体规划，对地方政府水环境治理进行监督；依据法律法规进行排污费、水资源费、取水费的征收，并利用这部分费用进行流域水资源保护；收集水资源信息并予以发布，提供社会监督的渠道。

地方水环境管理执行的则是地方行政长官负责制，根据流域规划制定本地区的具体水环境规划，如排污、供水计划等。对各类水环境设施进行管理包括了污水处理厂、防护泵站等，还履行了城镇的防洪排水的职能，并对防洪设施进行管理维护。

法国在水资源与水环境保护方面制定了严格的保护政策：①依靠法律手段，制定详细严厉的水污染防治法；②依靠行政手段，执行了水行政许可和水环境影响审查制度，对排水取水进行许可登记，严格控制污染物排放；③依靠经济手段，为鼓励水环境保护，制定了环境治理补助金制度，促进个人和企业投资环境保护工程，实行环保产业减免税收等政策。

2. 英国

英国是世界上较早建立水资源流域管理体制的国家之一，以英格兰和威尔士两地区为代表，基本形成了国家对水资源按流域统一管理和水务私有化相结合的管理体制。

国家依法对水资源进行政府宏观调控：环境署负责制定国家防洪规划、取水排放政策和环境保护政策，发放取水排放许可证，并进行相关法律解释；饮用水监督委员会提出饮用水水质参数，制定饮用水水质政策与监测标准，检查供水公司的水质监测系统，并提供有关技术咨询；水服务办公室对负责供水的企业进行宏观经济调控并制定合理水价，对供水企业进行监督，水服务办公室下设消费者委员会，负责调解用水户和供水公司之间的关系，由政界人士和普通用户共同组成。

区域级水资源管理机构：私营供水公司在分配到水权与水量的基础上，在政府和社会有关部门的指导和监督下，在服务范围内实行水务一体化经营和管理（景向上等，2008）。郡、区、乡（镇）不设水管理机构，地方议会负责管理排水及污水管道。

在英国的水资源监督管理体系中，环境国务大臣和威尔士事务大臣负有重要责任，主要对供水及排污服务机构履行的法定职责进行监督和指导，同时设置了一批非政府部门，对水权分配、水价、水质、水服务质量等实施全面的监管。国家环境署是英格兰和威尔士最重要的环境监管机构，它在水资源监管方面主要负责水权分配、制定并实施环境标准、制定取水排污政策、批准取水许可证和排污许可证、保护河流水质和陆地生态环境、制定国家防洪规划和组织安排防洪工程建设（唐娟，2004）。

英国的流域管理模式比较成功，主要表现为以下几个方面（可持续流域管理政策框架研究课题组，2011）：

（1）健全的法律体系和严格执法。英国的法律体系完善，在国家、流域、地方层面上都有相应完备的法律规范，特别是在水资源的流域管理上，英国还遵守欧盟制定的《水框架指令》。与此同时，法律对流域管理相关各方的权责界定清晰，执法也十分严格，能够确保无论是政府部门、国家环境署这样的团体机构，还是水务公司、农场主等，都严格按照法律规范的要求，采取一致行动。

（2）完善的管理体制和运行机制。英国在国家、流域及水务公司层面上，均实行水量、水质、水工程的一体化管理，其中国家层面主要负责制定政策并组织实施，流域层面主要负责监督和协调，水务公司负责具体措施的执行和反馈，形成较为完善的水资源管理体系，在流域管理规划制定与实施过程中，各机构分工明确、相互配合，通过自上而下的管理指导及自下而上的建议反馈，确保了流域综合管理的顺利实施。

（3）相关者参与。英国非常注重采用宣传、培训、补助、奖励等多种措施引导各利益相关者主动参与保护和改善流域生态环境，例如对自愿减少农药施用量的农户和主动通过技术改造降低污染物排放量的工商业企业提供补助或奖励，在促进水质改善方面发挥了积极的作用。

1.4.2.3　日本的分部门行政与集中协调的水生态文明建设体制机制

日本的水资源管理体制呈现出鲜明的多部门多级管理性，仅中央政府层面具有水资源管理职能的部门就有 5 个之多，国土交通省、厚生劳动省、经济产业省、农林水产省和环境省各司其职。同时，中央政府和地方政府的职责也有着比较明确的分工，各都、道、府、县在中央政府政策的框架下，负责水务机构的运营、维护和管理。在过去的 50 多年里，经济的发展、人口的增长、人民生活水平的提高、公众环保意识的增强，给日本水资源管理带来了严峻的挑战，水资源固有的公共物品属性要求政府在水资源管理中发挥积极作用。日本政府顺应了这种要求，通过对各部门职能分工的进一步细化，不仅扮演了有关规划和政策的制定者、实施者角色，而且负责监管乃至直接或间接从事水务企业的运营、维护和管理。

日本是以专门职能部门管理水资源的典型代表。日本虽然是按部门职能进行水管理，但它属于集中协调下的水资源分部门管理体制，水权还是由国家统一管理，以加强河流水系的统一管理于开发，保证流域规划的实现。日本的这种水资源管理体制优点在于，首先各部门责任分工明确，水资源管理体系完善，能够及时有效地协调人力资源；其次，在管理内容上，问题来源广泛、处理及时，有利于对污染源的及时处理，对环境的监督管理，对重点污染源的监督。

中央政府主要负责制定和实施全国性水资源政策、水资源开发和环境保护的总体规划（谢剑等，2009）。中央级水资源管理由 5 个部门承担：治污由环境省负责，治水由国土交通省负责，用水分别由厚生劳动省、经济产业省和农林水产省负责。环境省设有环境管理局，负责制定环境标准，治理土壤污染、农药对环境的污染以及地下水污染等。国土交通省负责治水、水土保持和下水道业务，制定水资源政策、水资源开发基本规划、水源区治理对策。厚生劳动省负责生活用水（刘菁，2003）。农林水产省下设林业厅，负责上游流域的水治理和与农业相关的水资源支持。经济产业省的资源能源厅主要负责工业用水、水力发电与规划管理。

地方级的都、道、府、县均有相应的水利管理机构。地方政府在中央政策的框架下，负责供水系统、水处理设施、水务机构的运营、维护和管理。此外，还对公共用水的水质实施监控并对私营机构进行监督，以保证其废水排放达标。

为协调各部门有效进行水资源管理，日本建立了相应的协调机构，即国土交通省下设的水资源局。为了达到集中协调的效果，1998 年举办了建立水循环体系的有关省厅联络会议，强调了重视流域管理的观点，明确了评估水循环体系的机制。

日本逐渐探索出了比较成功的水资源与水环境管理机制。主要体现在以下两方面：

（1）法律法规十分健全，而且针对性强。在水生态保护中，日本不仅出台了全国层面的法律法规，例如《水质污染防治法》和《湖泊水质保护特别措施法》，还出台了针对具体项目的法律法规，例如针对琵琶湖治理制定了《琵琶湖富营养化防治条例》和《琵琶湖综合开发特别措施法》等，制定的这些法律法规明确了各级政府、企业团体及个人的职责、权限与义务。

（2）较好的协调机制。由于参与琵琶湖保护管理的机构较多，专门设立了县、市、乡（镇）、村联络会议制度，由中央政府与地方共同组成的行政协作体制和中央省厅协作体制，可以调整、协调各方活动的责任，使琵琶湖的管理在纵向上得以理顺，横向上得以协调。

1.4.3 国内水生态文明建设体制机制进展

为贯彻落实党的十八大精神，自 2013 年开始，我国积极推进水生态文明建设，江苏、浙江、安徽、福建、江西、山东、河南、湖北、贵州、云南、陕西等 11 个省相继开展省级水生态文明创建，105 个试点城市积极探索不同类型的水生态文明建设模式，其中有 38 个试点已成为国家生态文明先行示范区，7 个试点进入国家海绵城市试点行列。水生态文明建设工作已取得了初步进展，在此分别从体制、机制方面进行梳理国内水生态文明建设的最新进展。

1.4.3.1 水生态文明建设相关体制

目前，国家对水资源的管理正在从过去"实行统一管理与分级分部门管理相结合的制度"向"流域管理与行政区域相结合的管理体制"转变。2002年实施的《中华人民共和国水法》第十二条明确规定国家对水资源实行流域管理与行政区域管理相结合的管理体制。国务院水行政主管部门负责全国水资源的统一管理和监督工作，国务院水行政主管部门在国家确定的重要江河、湖泊设立的流域管理机构（简称流域管理机构），在所管辖的范围内行使法律、行政法规规定的和国务院水行政主管部门授予的水资源管理和监督职责。县级以上地方人民政府水行政主管部门按照规定的权限，负责本行政区域内水资源的统一管理和监督工作。

2013年，在加快推进水生态文明建设的背景下，通过完善水资源管理考核机制，进一步强化流域与区域相结合的管理体制，流域机构在水资源配置调度、断面控制、省界缓冲区监管和区域协调等宏观管理方面的职能不断强化。通过深化水资源保护工作机制，加强部门协作，水资源保护和水污染防治跨部门协作机制更加健全。统筹推进城乡水务服务均等化，积极推进涉水事务一体化管理，全国已有超过84%的县级以上行政区实行城乡涉水事务一体化管理。北京建立水环境治理水务、环保、公安等部门联合工作机制；浙江省委、省政府实施"五水共治"，以治水为突破口倒逼转型升级；湖南将湘江保护治理列为省政府"一号重点工程"，成立湘江保护与治理委员会。

各水生态文明试点建立了政府主导、水利牵头、各有关部门参加的水生态文明建设领导机制，形成"统一规划、全面布局、综合考虑、分工实施"的水生态文明建设格局。为加强组织领导，加快推进水生态文明建设工作，2013年，成立了水利部水生态文明建设工作领导小组。

1.4.3.2 水生态文明建设相关机制

为全面落实中央决策部署，夯实水生态文明建设基础，我国水生态文明建设相关机制亦取得显著进展。

1. 投融资机制

各试点城市在整合地方财政及水利、国土、城建、环保、交通、林业等各种渠道资金，集中优势资源推进试点示范项目建设的同时，积极运用市场机制，搭建各种投融资平台，不断拓宽投融资渠道，广泛吸引金融资本和社会民间力量投入水生态文明建设。浙江省丽水市建立良性投融资机制，通过河湖综合整治、环境改善，拉动周边土地升值，将土地拍卖净收益的20%用于河湖治理工程建设投资还贷。济南建立起政府引导、地方为主、市场运作、社会参与的多元化筹资机制，投资 195 亿元，完成 203 项水系连通、水源置换、截污治污、河道治理等工程。

2. 法规制度体系

河湖管理、水资源综合执法等机制创新已成为水生态文明制度建设的重点内容和机制保障。江苏省先后出台或修订了《江苏省水资源管理条例》《江苏省湖泊保护条例》《江苏省水库管理条例》《江苏省太湖水污染防治条例》《关于加强饮用水源地保护的决定》《江苏省建设项目占用水域管理办法》等地方法规或规章。青海和贵州两省分别颁布实施《青海省生态文明建设促进条例》和《贵州省生态文明建设促进条例》，对水生态文明建设提出明确要求。

3. 考核机制

最严格水资源管理制度成为水生态文明建设的重要抓手，"三条红线"四项指标已被作为约束性指标，纳入政府绩效考核体系。2012 年江苏省政府出台《省政府关于实行最严格水资源管理制度的实施意见》（苏政发〔2012〕27号），2013 年出台相应考核办法，2014 年成立实行最严格水资源管理制度联席会议，由 10 个厅局组成考核组对各市水资源管理工作进行考核。江苏省水利厅会同省发展改革委分解用水总量、用水效率、水功能区限制纳污"三条红线"指标，全面建立省、市、县三级最严格水资源管理制度体系。

4. 水生态补偿机制

各省在理论与实践层面上进行了水生态补偿机制的积极探索。辽宁、西藏等省（自治区）积极开展水生态补偿机制试点。辽宁省建立水生态补偿机制，2014 年投入补偿资金 3.5 亿元；浙江省出台《浙江省生态环保财力转移支付试行办法》，资金规模从 2006 年的 2 亿元提高到 2014 年的 18 亿元；福建省出台《福建省重点流域生态保护补偿办法》，建立促进流域上游地区可持续发展和全流域水环境质量改善的生态补偿机制。青海省开展了"三江源区水生态补偿机制与政策研究"。

5. 水权制度

稳步推进水权水市场建设。选择内蒙古等 7 省（自治区）开展水权试点，探索水资源使用权确权登记和交易流转。河南省出台《河南省南水北调水量交易管理办法（试行）》《关于南水北调水量交易价格的指导意见》，组织邓州市与新密市开展南水北调水量交易。内蒙古自治区出台《内蒙古自治区闲置取用水指标处置实施办法》，成立水权收储转让中心，开展鄂尔多斯市和巴彦淖尔市等跨区域水权转让；宁夏回族自治区率先建立区、市、县三级行政区水权分配体系，推进水资源使用权确权登记。山西省积极开展排污权交易，成立山西省排污权交易中心，政府储备排污权出让收益省市按照 3∶7 分成，完成排污权交易 468 宗，交易金额 2.6 亿元。

1.4.3.3　我国水生态文明建设体制机制上的不足

1. 体制问题

组织领导机构与水生态文明建设的综合性、战略性和全局性不吻合。在纵向管理上，形成了中央统一管理和地方辖区管理相结合的特征。地方管理机构（如地方水利厅）受中央直属部委统一管理，而同时又隶属于地方政府管理，缺乏独立的管理权限，导致地方管理机构往往难以执行中央管理部门对其的要求。

水生态文明建设没有专门的推进机构，缺乏系统的规划，相当多地区没有落实主管水生态文明建设的党政领导干部，大多数地区水生态文明建设主要由地方水利部门负责实施，由水利部门下设临时的水生态文明建设办公室具体负责，而水利部门无论是从行政级别还是职能权限都无法完全承担水生态文明建设的任务，存在"权责不对等、命令不统一、综合决策和协调管理机制薄弱"问题。

水生态文明建设既包含降水、径流、蒸发、渗透等水的自然循环过程，也包含开发、利用、排放、处理等水的社会循环过程，是一项系统工程，需要全过程、多领域、多环节的管理。然而，目前多数地区涉水事务还分散在水利、环保、住建、发展改革等部门，"多龙管水"局面在多数地区依旧，尚未完全形成统一的涉水事务管理体系（谷树忠等，2013）。

2. 部门各自为政，协调机制缺乏

水生态文明建设涉及生态、地理、社会、经济、法律等多学科领域，与国土、市政、水利、环保、林业、规划等部门以及周边跨行政区的利益直接相关，各部门之间的管理职责有明显的交叉与重合，各部门之间的责、权、利关系不清晰，各自为政，缺乏沟通和协调的问题比较突出，行政审批程序繁琐，效率低下；同时部分流域综合管理机构作为国家有关部委的派出机构，与地方行政机构之间的协调性较差，对流域的综合管理并没有充分发挥作用。

流域的分段管理造成了地方性法规对同一流域分段立法现象的普遍存在。例如针对汉江流域水污染防治，湖北省制定了《湖北省汉江流域水污染防治条例》，陕西省制定了《陕西省汉江丹江流域水污染防治条例》，这种流域管理规定的散乱，导致重视区域管理而忽略流域管理；并且，汉江流域水资源和水污染防治的法律法规体系还不完善，没有建立水生态系统保护与修复方面的法律法规等。

3. 相关法律法规体系尚不完善

经过多年建设，虽然我国已制定相关法律法规百余部，在水资源与水环境保护方面也逐渐建立了一套制度体系，但还存在一系列问题：①重授权性规定，轻责任性规定；程序性规定不足、不清、不细；行政执法和司法衔接不足，处罚力度偏轻。②生态环境保护有些领域无法可依。③有些领域依然存在制度空白，现有的制度在设计上缺乏整体思维，往往"头疼医头、脚疼医脚"，各种规章制度之间衔接、协调和配合不到位问题依然存在，制度执行不力、环境执法难问题依然比较突出。

4. 经济激励机制还需加强

按照"谁开发谁保护、谁破坏谁恢复、谁受益谁补偿"的原则，需进一步强化资源有偿使用和污染者付费政策，综合运用价格、财税、金融、产业和贸易等经济手段，改变资源低价和环境无价的现状，形成科学合理的资源环境的补偿机制、投入机制、产权和使用权交易等机制。

5. 缺乏公众参与机制

国际上，公众参与已成为与市场经济、政府管理并行的第三种力量，在环境保护和管理方面发挥着极其重要的作用，但在我国，公众参与度还很低。这是因为，一方面，对公众参与环境保护和管理缺少可操作性的明确规定，更缺少利益激励；另一方面，我国的公众参与属于政府倡导下的配合型参与，缺乏系统性和持续性，而且，由于公众参与是在政府倡导下进行，公众很难有自己的独立立场。

1.5　研究内容

水生态文明建设是一项系统工程，涉及水资源、水环境、水生态、水安全、水文化等诸多方面（张振江，2015）。水生态文明的内涵可概括为"水安全、水环境、水生态、水景观、水管理、水文化"六个"水"的建设以及现代人类文明程度的重视和把握，最终达成"资源可持续利用，民生用水切实安全，生物生存环境良好，水文化丰富多样"的人水和谐目标和状态。

水生态文明的核心是人水和谐，可持续发展；理念是把生态文明理念融入到水资源开发、利用、治理、配置、节约、保护各方面和水利规划、建设、管理各环节，坚持节约优先、保护优先和自然恢复为主的方针，实现水资源可持续利用的治水新模式；目标是维持河湖健康、水生态系统良性循环、落实最严格水资源管理制度、人水和谐；实施内容主要为保护并发挥水资源、水生态、水环境优势，扭转存在的水问题，实现优化水资源配置、提高供水保障、保障水安全、强化水资源节约保护、保护水生态环境、提升水景观、加强涉水制度文化宣传与建设，扭转传统的用水观念，促使传统的水利工作转变为现代的民生水利、资源水利和生态水利。

结合国家和地方开展水生态文明建设背景，本书以江西省开展市、县、乡

（镇）、村四级联动水生态文明建设格局为契机，系统构建江西省水生态文明县、乡（镇）、村评价指标，系统梳理水生态文明建设技术体系，科学构建水生态文明评价方法，并开展实例应用，提出保障江西省水生态文明建设体制机制，为江西省水生态文明建设提供技术支撑。研究内容主要包括以下四个部分：

（1）系统构建江西省水生态文明建设评价指标体系。根据水生态文明内涵，结合江西省水生态文明建设内容，通过问卷调查和专家咨询，分别从水安全、水环境、水生态、水管理、水景观和水文化六大方面构建江西省水生态文明县、乡（镇）、村分级建设评价指标体系，明晰各指标含义及其计算方法。

（2）系统梳理江西省水生态文明建设关键技术。根据江西省水生态文明建设评价指标体系，结合各指标的含义和计算方法，系统梳理保障水生态文明建设指标达标建设的关键技术，构建江西省水生态文明县、乡（镇）、村建设关键技术。

（3）科学构建江西省水生态文明县、乡（镇）、村评价方法。依托江西省水生态文明建设评价指标体系，采用层次分析法确定各指标权重，采用综合评价方法构建江西省水生态文明县、乡（镇）、村评价模型，研发江西省水生态文明建设评价系统，综合形成江西省水生态文明评价方法。

（4）水生态文明建设与评价应用案例。以江西省水生态文明建设试点和自主创建的县、乡（镇）、村为对象，结合水生态文明建设技术和评价方法，对典型区域开展建设前试评估，实施水生态文明建设，建设后评估，验证评价方法和建设技术的合理性，提出江西省水生态文明建设体制机制建议，形成江西省水生态文明分级联动建设模式。

第 2 章

水生态文明建设评价指标体系

2.1 水生态文明建设评价指标确定

水生态文明建设是一项复杂的系统工程，涉及水体物理、化学、生物、生态、景观、文化及人们价值判断等多方面因素。构成城市水生态文明的众多要素共同影响和相互作用会影响城市的水生态文明水平。因此，单一的指标不能很好地表征城市水生态文明程度，需要综合多个指标以建立评价指标体系来实现。

目前，国内部分地区已构建了水生态文明评价指标体系，可以为江西省提供参考。2012 年 8 月，山东省发布了我国第一个省级水生态文明城市评价标准，分别从水资源、水生态、水景观、水工程、水管理 5 个方面提出了 23 个评价指标。兰瑞君等（2016）以北京雁栖湖生态发展示范区为研究对象，以生态文明建设理念为指导，以水生态系统的文明化发展为核心，遵循评价指标构建原则与指标筛选步骤，初步构建了符合雁栖湖生态发展示范区自然环境特征和人类活动规律的水生态文明建设评价指标体系，包含了水安全、水环境、水生态、水景观、水文化和水管理 6 个子系统，共 13 个要素层 22 个指标。丁惠君等（2014）在充分参考已有文献、技术资料及有关地区建设经验的基础上，通过专家咨询与问卷调查相结合的方法，初步构建了江西省莲花县水生态文明建设评价指标体系。该指标体系涵盖了水安全、水环境、水生态、水管理、水景观和水文化共 6 方面 25 个指标。陈璞（2014）根据安徽省城市发展的区域特点，采用分层构权法和德尔菲法相结合的方法，根据水安全、水生态、水管理、水景观、水文化原则确立了五类一级指标，构建了包括系统层、准则层、目标层以及 29 个具体表征指标的水生态文明指标层。陈进等（2015）通过分析水生态文明建设对科学发展的支撑作用，水生态文明建设的目标和内涵，提出了水生态文明评价体系，该指标体系包括水安全、水环境、水生态、水管理和水文化等五大目标体系，并选取了 21 个表征指标。褚克坚等（2015）基于水生态文明理念，结合长江下游丘陵库群河网地区城市的区域特征，分析城市水生态文明评价因子内涵，从水资源安全、水生态环境、水文化、水管理等 4 个方面，构建了共 3 个层次 26 个指标的长江下游丘陵库群河网地区城市水生态文明评价指标体系。班荣舶等（2015）结合安顺市自然环境和社会经济状况，构建了包含系统层（水生态文明综合评价）、次系统层（水资源开发利用、水生态环境、水管理、水文化）和指标层（由 26 个单指标构成）的水生态文明评价体系。王丹（2015）结合南昌市自然环境特点、社会经济概况及水资源现状，从水资源及水安全、水生态环境、水利用、水管理、水景观及水文化几方面共选择了 27 个定量和定性评价指标，建立南昌市水生态文明评价指标体系。广州市从水资源、水安全、水环境、水管理、水文化等 5 个方面选取了 20 个表征指标构建了广州市水生态文明评价指标体系（刘晓鹏等，2014）。

根据水生态文明内涵和建设内容，按照《水生态文明城市建设评价导则》（SL/Z 738—2016）的要求，通过分析上述各地区水生态文明评价体系，江西省水生态文明评价指标体系从水安全、水生态、水环境、水管理、水景观、水文化 6 个方面归纳总结了国内表征水生态文明水平的一些具有普遍性的评价指标，见表 2.1。

在深入分析水生态文明内涵的基础上，结合江西水生态文明建设实际及相关的政策法规，根据指标体系选取原则，初步对水生态文明评价指标进行筛选及补充，并通过问卷调查及专家咨询，构建了江西省县、乡（镇）、村三级水生态文明评价指标体系。

2.1.1 指标体系选取原则

1. 系统性与全面性

水生态文明建设涉及涉水项目的方方面面，包括落实最严格水资源管理制度、水资源优化配置、节水管理、水资源保护、水生态系统保护与修复、生态水利建设、水生态文明宣传教育等。在构建水生态文明评价指标体系时，应从水生态系统整体出发，将水系所包含功能的评价要素全部纳入进去，但又不能简单罗列，要考虑系统性原则，在理清水生态复合系统下每个子系统间的客观联系以及水生态系统与其他系统如社会经济系统、社会制度系统之间的联系的条件下，选取具有典型性和代表性的指标。

2. 客观性与针对性

所构建的各评价指标是客观存在的，且符合区域发展实际，是被广泛认可且可使用的，能反映区域水生态文明发展水平。同时，还应结合区域生态特色，有针对性地挖掘出其独特的评价指标，更好地为区域水生态文明建设提供参考和依据。

表 2.1 水生态文明评价指标体系

序号	水安全	水环境	水生态	水管理	水景观	水文化
1	防洪工程达标率	水功能区水质达标率	水生生物多样性指数	复用水率	水利风景区数量、级别	生活节水器具普及率
2	城镇生活用水保障率	农村生活污水处理率	生态系统治理度	供水管网漏损率	水利工程与周边景观融合情况	水文化普及率
3	饮用水源地水质达标率	湖泊富营养化指数	水域面积	水资源管理考核合格率	景观格局多样性	文化景点影响度
4	农村自来水普及率	排污口达标排放率	湿地保留率	计划用水实施率	亲水空间的多样性	水生态文明知识普及率
5	双水源覆盖率	水源地保护	水土流失治理率	水资源管理三条红线达标率	社会价值	节水宣传
6	城市供水水质综合合格率	中小河流治理河段长度比例	水土保持三同时落实率	规模以上工业万元增加值取水量	水域及周边景观点观赏性	水文化特色发掘与保护
7	供水保障系数	城镇生活污水集中处理率	指示性生物存活状况	节水技术与措施	岸线多样性	公众环保和节水意识
8	人均可供水量	非常规水源利用	新建堤防生态护岸比例	农业灌溉水利用系数	亲水景观种类、数量	公众对水生态文明认知度
9	基本生产用水安全	地下水水质达标率	生态系统投资保证率	取水许可率	亲水平台安全防护措施	中小学节水教育普及率
10	地下水供水比		城市绿化覆盖率	用水计量率		公众对水生态环境满意度
11	饮用水安全人口比例		生态需水保障	水资源监测站网完善率		
12	农田有效灌溉率		水土保持方案编制	入湖排污口监管率		
13	备用水源地建设情况		生物栖息地状况指数	管理体制机制		
14			人均公共绿地面积	规划编制		
15			水系统稳定性	地表水开发利用率		
16			水系连通率	水利工程设施完好率		
17				节水型社会普及情况		
18				水生态文明制度建设完善率		

3. 可操作性与定量性

应当考虑在实际评价过程中工作人员可能遇到的问题和阻碍，使选取的指标可以充分发挥作用，具备可操作性；并且，单纯的定性不足以准确反映出水生态文明状况，所以要增加可量化的原则，用数据支撑理论进行横向、纵向比较，使得水生态文明评价指标体系具有更高的公信度。

2.1.2 评价指标初选

江西省水生态文明县、乡（镇）、村评价初选指标包括水安全、水环境、水生态、水管理、水景观和水文化六大体系指标，见表2.2。

表2.2　　　　江西水生态文明县、乡（镇）、村评价初选指标

类别	序号	县级初选指标	乡（镇）级初选指标	村级初选指标
水安全	1	防洪除涝工程达标率	防洪除涝工程达标率	防洪除涝工程达标率
	2	病险水库、水闸除险加固率	病险水库、水闸除险加固率	病险水库、水闸除险加固率
	3	工业供水保障率	城镇自来水普及率	农村集中供水普及率
	4	备用水源地建设情况	城镇生活供水保障率	农村生活供水保障率
	5	人均水资源量	集中式饮用水水源水质达标率	饮用水水质达标情况
	6	城市供水水源水质达标率	农田灌溉用水水质达标情况	农田灌溉用水水质达标情况
	7	城镇生活供水保障率	农田灌溉用水保障率	农田灌溉用水保障率
	8	城镇自来水普及率	农业灌溉水有效利用系数	农业灌溉水有效利用系数
水环境	9	水功能区水质达标率	城镇生活污水集中处理率	农村生活污水集中处理率
	10	城镇生活污水集中处理率	城镇生活垃圾无害化处理率	农村生活垃圾无害化处理率
	11	排污口达标排放率	畜禽养殖污染治理情况	畜禽养殖污染治理情况
	12	河长制实施情况	农药施用量增长率	农药施用量增长率
	13	规范化养殖	化肥施用量增长率	化肥施用量增长率
	14	饮用水水源地保护	肥药双控先进技术使用情况	肥药双控先进技术使用情况
	15	地下水水质达标率	河长制实施情况	农田排水水质达标情况
	16		规范化养殖	河长制实施情况
	17		水功能区水质达标率	规范化养殖
	18		地表水水质	地表水水质
	19		排污口达标排放率	排污口达标排放率
水生态	20	水土流失治理率	水系连通率	水库、山塘、门塘水系连通率
	21	生态需水保障	新建堤防生态护岸比例	新建堤防生态护岸比例
	22	水域面积比例	生态需水保障	生态需水保障
	23	中小河流治理河段长度比例	水土保持三同时落实率	水土保持三同时落实率

类别	序号	县级初选指标	乡（镇）级初选指标	村级初选指标
水生态	24	城市绿化覆盖率	水土流失面积比率	水土流失面积比率
	25	新建堤防生态护岸比例	水土流失治理率	水土流失治理率
	26	水土保持三同时落实率	河湖水域面积保有率	河湖水域面积保有率
	27	水生态系统结构完整性	河湖自然岸线保有率	河湖自然岸线保有率
	28	水系连通率	水域面积比例	水域面积比例
	29	生物多样性指数		
水管理	30	复用水率	水利工程管理到位率	水利工程管理到位率
	31	规模以上工业万元增加值用水量	水利工程设施完好率	水利工程设施完好率
	32	取水许可办理率	人均生活用水量	人均生活用水量
	33	水资源监控覆盖率	生活节水器具普及率	生活节水器具普及率
	34	供水管网漏损率	农业节水技术使用情况	农业节水技术使用情况
	35	规划编制	水生态文明组织机构与制度建设情况	水生态文明组织机构与制度建设情况
	36	水生态文明建设相关工作考核占党政绩效考核的比例	水生态文明建设相关工作考核占党政绩效考核的比例	水生态文明建设相关工作考核占党政绩效考核的比例
	37	三条红线考核达标情况		
	38	管理体制机制		
	39	生活节水器具普及率		
	40	节水型社会普及情况		
	41	河道湖泊管理		
	42	水利工程设施完好率		
	43	水生态文明制度建设完善率		
水景观	44	水利风景区建设	亲水场地数量	亲水场地建设
	45	水利工程景观度	水景观类型	亲水景观建设与观赏游憩价值
	46	亲水空间的多样性	水利风景区建设	滨岸带景观建设与观赏游憩价值
	47	滨岸带景观建设与观赏游憩价值	水景观影响力	水利风景区建设
水文化	48	水文化宣传情况	中小学节水教育普及率	中小学节水教育普及率
	49	水生态文明知识普及率	水生态文明知识普及率	水生态文明知识普及率
	50	特色水历史文化的挖掘与保护	水文化宣传情况	水文化宣传情况
	51	公众对水生态文明建设的满意度	水文化挖掘与保护	水文化挖掘与保护

类别	序号	县级初选指标	乡（镇）级初选指标	村级初选指标
水文化	52	中小学节水教育普及率	公众参与程度	公众参与程度
	53	特色水文化影响程度	水生态文明建设信息公开情况	水生态文明建设信息公开情况
	54	公众水生态文明理念	公众对水生态文明建设的满意度	公众对水生态文明建设的满意度
	55	水生态文明建设信息公开情况	公众水生态文明理念	公众水生态文明理念

1. 水安全评价指标

根据《江西省水利厅关于印发江西省水生态文明建设五年（2016—2020年）行动计划的通知》（赣水发〔2016〕1号）（以下简称《通知》），江西省水生态文明水安全建设包括防洪安全建设、供水安全建设和生态安全建设，考虑水生态评价指标体系准则层中含水生态安全指标这一项，因此，水安全评价指标仅考虑防洪安全和供水安全指标。在防洪安全建设方面，《通知》要求继续实施病险水库、水闸除险加固，加强城镇防洪建设，推进治涝工程建设，初选防洪安全建设评价指标有防洪除涝工程达标率、病险水库、水闸除险加固率作为水生态文明县、乡（镇）和村评价指标；供水安全建设方面，《中华人民共和国水法》明确规定禁止在饮用水水源保护区内设置排污口；《生活饮用水卫生标准》（GB 5749—2006）对饮用水中与人群健康相关的各种因素（物理、化学和生物），以法律形式做了量值规定。同时，《通知》要求开展应急备用水源建设，推进农村饮水安全巩固提升工程建设，提高农村自来水普及率、供水保证率和水质达标率；要求加大农业节水灌溉力度，推动节水型、现代化、生态型灌区建设试点。

根据文件要求，结合江西省县、乡（镇）、村的实际，初选城镇生活供水保障率、城镇自来水普及率、备用水源地建设情况、城市供水水源水质达标率等指标作为江西省水生态文明县供水安全方面的评价指标，此外，纳入人均水资源量、工业供水保障率两个常规指标；城镇自来水普及率、城镇生活供水保障率、集中式饮用水水源水质达标率、农田灌溉用水水质达标情况、农田灌溉用水保障率、农业灌溉水有效利用系数等指标作为江西省水生态文明乡（镇）评价指标；初选农村集中供水普及率、饮用水水质达标情况、农村生活供水保障率、农田灌溉用水水质达标情况、农田灌溉用水保障率、农业灌溉水有效利用系数等指标作为江西省水生态文明村评价指标。

2. 水环境评价指标

水环境保护事关人民群众切身利益，事关全面建成小康社会，水环境保护与治理作为水生态文明建设的重要内容之一，选取代表性指标进行水生态文明建设评价成为关键。2015年国务院印发《水污染防治行动计划》（以下简称

"水十条") 提出要强化城镇生活污染治理，到 2020 年，全国重点乡（镇）具备污水处理能力；提出要推进农业农村污染防治、防治畜禽养殖污染、控制农业面源污染、加快农村环境综合整治。

根据"水十条"精神，初选城镇生活污水集中处理率作为县级评价指标。初选城镇生活污水集中处理率、城镇生活垃圾无害化处理率、畜禽养殖污染治理情况［规模化畜禽养殖场（小区）是否配套建设粪便污水贮存、处理、利用设施，实施是否正常运行；散养密集区是否实现畜禽粪便污水分户收集、集中处理利用等］、农药施用量增长率、化肥施用量增长率、肥药双控先进技术使用情况等指标作为江西省水生态文明乡（镇）评价指标。初选农村生活污水集中处理率、农村生活垃圾无害化处理率、畜禽养殖污染治理情况［规模化畜禽养殖场（小区）是否配套建设粪便污水贮存、处理、利用设施，实施是否正常运行；散养密集区是否实现畜禽粪便污水分户收集、集中处理利用等］、农药施用量增长率、化肥施用量增长率、肥药双控先进技术使用情况、农田排水水质达标情况等指标作为江西省水生态文明村评价指标。

为进一步促进水资源保护、水资源防治、水环境治理、水生态修复，维护河湖健康，江西省委、省政府出台了《江西省实施"河长制"工作方案》，对水环境保护与治理提出了高标准、高要求，初选河长制实施情况、河道湖泊管理两个指标。江西省作为农业大省，水库养殖污染不容小觑。为了规范水库养殖行为，江西省出台了《江西省水利厅关于规范水库养殖行为加强水库水质保护指导意见的通知》（赣府厅字〔2013〕94 号）。根据该通知，将规范化养殖列为初选指标，考核区域范围内库区水体及周边地区养殖行为是否达到规范化要求。《江西省水生态文明建设五年（2016—2020 年）行动计划》对重要水功能区水质达标率做了要求，考虑村级不一定有水功能区，将水功能区水质达标率作为江西省水生态文明县和乡（镇）评价初选指标。参考文献研究成果，把地表水水质、排污口达标排放率、地下水水质达标率等指标也纳入指标体系。

3. 水生态评价指标

水生态建设方面，《江西省水生态文明建设五年（2016—2020 年）行动计划》明确要求推进江河湖库水系综合整治、加大水土流失综合防治力度。结合江西水生态文明建设实际，初选水系连通率、新建堤防生态护岸比例、生态需水保障、水域面积比例、河湖水域面积保有率、河湖自然岸线保有率、水土流失治理率、水土保持三同时落实率、水土流失面积比率作为评价指标。2008—2010 年中央一号文件已连续 3 年对中小河流治理提出了明确要求，因此将中小河流治理河段长度比例也纳入到水生态文明指标体系中。同时，根据水生态文明城市建设水生态方面的要求，将城市绿化覆盖率、水生态系统结构完整性、生物多样性指数等表征生态的常规性指标也作为水生态文明县评价指标。

4. 水管理评价指标

水管理方面，《江西省水生态文明建设五年（2016—2020 年）行动计划》明确了"六大管理"，即水资源红线管理、河湖管理、水利建设管理、水利工程管理、节水管理、应急监测管理，结合江西省县、乡（镇）、村工作实际，评价指标涉及水资源管理、河湖管理、水利工程管理和节水管理；初选取水许可办理率、三条红线考核达标情况、规模以上工业万元增加值用水量等指标作为水资源管理方面的评价指标；初选水利工程管理到位率、水利工程设施完好率作为水利工程建设管理方面的评价指标；初选人均生活用水量、复用水率、生活节水器具普及率、供水管网漏水率、节水型社会普及情况、农业节水技术使用情况等作为节水管理方面的评价指标；选择水资源监测站网完善率作为应急监测管理方面的评价指标。此外，增加水生态文明组织机构与制度建设情况、规划编制、水生态文明建设相关工作考核占党政绩效考核的比例、水生态文明制度建设完善率等体制机制方面的评价指标。

5. 水景观评价指标

考虑江西省县、乡（镇）、村不同情况，将水利风景区建设、水利工程景观度、亲水空间的多样性、滨岸带景观建设与观赏游憩价值等列入水生态文明县水景观评价指标；将亲水场地数量、水景观类型、水利风景区建设、水景观影响力列入水生态文明乡（镇）水景观评价初选指标；将亲水场地建设、亲水景观建设与观赏游憩价值、滨岸带景观建设与观赏游憩价值、水利风景区建设列入水生态文明村水景观评价初选指标。

6. 水文化评价指标

根据水生态文明内涵，水生态文明的落脚点是人们对水生态文明理念的逐步形成。参考文献研究成果，结合江西省实际，初选中小学节水教育普及率、水生态文明知识普及率、水文化宣传情况、水文化挖掘与保护、公众参与程度、水生态文明建设信息公开情况、公众对水生态文明建设的满意度、公众水生态文明理念、特色水文化影响程度作为水文化评价初选指标。

2.1.3　建设评价指标确定

1. 问卷调查

通过有奖征集的方式，在江西省水利科学研究院"水生态文明"公众号发布了江西省水生态文明县、乡（镇）、村评价指标投票问卷调查表，通过问卷调查，根据指标选取比例大小，筛选出关注度较高的评价指标。问卷调查结果如下。

（1）江西省水生态文明县评价指标投票问卷调查表统计结果。问卷调查回收调查表 200 份,其中有效调查表 195 份。经统计,被调查者男性和女性人数基本持平,分别为 51.16%,48.84%。年龄主要集中在 26～40 岁,占 97.67%;40 岁以上的占 2.33%。受教育程度以硕士学历居多,占 62.8%;本科、博士学历均占 18.6%。职业以水利行业居多,占 55.81%,农业/林业/渔业、环保分别占 23.25% 和 9.30%,其他行业占 11.64%(表 2.3)。从公众基本信息来看,被调查者涉及社会上不同年龄结构、不同职业、不同文化层次的公众意见,保障了数据的可靠性。江西省水生态文明县评价指标调查结果见表 2.4。

表 2.3　　　江西省水生态文明县评价指标问卷调查公众基本信息

基本情况	选项	比例/%	基本情况	选项	比例/%
性别	男	51.16	年龄	31～40 岁	51.16
	女	48.84		40 岁以上	2.33
受教育程度	本科	18.6	从事行业	水利	55.81
	硕士	62.8		环保	9.30
	博士	18.6		农业/林业/渔业	23.25
年龄	26～30 岁	46.51		其他	11.64

表 2.4　　　　　江西省水生态文明县评价指标调查结果

序号	指标	比例[①]/%	序号	指标	比例[①]/%
1	城镇生活污水集中处理率	87	15	河长制实施情况	67
2	饮用水水源地保护	83	16	水利工程设施完好率	65
3	水文化宣传情况	83	17	滨岸带景观建设与观赏游憩价值	65
4	水功能区水质达标率	80	18	河道湖泊管理	63
5	城镇生活供水保障率	78	19	水土流失治理率	61
6	排污口达标排放率	78	20	复用水率	61
7	水利风景区建设	76	21	水生态文明知识普及率	61
8	防洪除涝工程达标率	74	22	三条红线考核达标情况	59
9	特色水历史文化的挖掘与保护	74	23	地下水水质达标率	54
10	备用水源地建设情况	72	24	城市绿化覆盖率	54
11	城市供水水源水质达标率	74	25	管理体制机制	54
12	生态需水保障	72	26	中小学节水教育普及率	54
13	亲水空间的多样性	72	27	取水许可办理率	52
14	水资源监控覆盖率	70	28	水系连通率	50

序号	指标	比例①/%	序号	指标	比例①/%
29	生物多样性指数	50	41	公众水生态文明理念	36
30	水生态文明建设相关工作考核占党政绩效考核的比例	50	42	生活节水器具普及率	35
31	水利工程景观度	50	43	节水型社会普及情况	35
32	城镇自来水普及率	48	44	人均水资源量	33
33	公众对水生态文明建设的满意度	48	45	规范化养殖	33
34	水域面积比例	46	46	中小河流治理河段长度比例	33
35	水生态系统结构完整性	46	47	供水管网漏损率	33
36	病险水库、水闸除险加固率	45	48	规划编制	33
37	水土保持三同时落实率	43	49	水生态文明制度建设完善率	33
38	新建堤防生态护岸比例	39	50	特色水文化影响程度	22
39	规模以上工业万元增加值用水量	39	51	水生态文明建设信息公开情况	15
40	工业供水保障率	37			

① 比例为选取某指标人数占有效调查人数的比例。

根据表2.4，按照指标选取比例从高到低取前24个指标作为江西省水生态文明县评价指标，考虑到第24、25、26号指标比例一样，把25、26号指标也纳入指标体系，最终选取26个指标，见表2.5。

表2.5　　　　　　　　　江西省水生态文明县调查选取的评价指标

准则层	序号	评 价 指 标
水安全	1	防洪除涝工程达标率
	2	城镇生活供水保障率
	3	备用水源地建设情况
	4	城市供水水源水质达标率
水环境	5	水功能区水质达标率
	6	城镇生活污水集中处理率
	7	排污口达标排放率
	8	河长制实施情况
	9	饮用水水源地保护
	10	地下水水质达标率
水生态	11	水土流失治理率
	12	生态需水保障
	13	城市绿化覆盖率

准则层	序号	评　价　指　标
水管理	14	复用水率（中水回用）
	15	水资源监控覆盖率
	16	水利工程设施完好率
	17	管理体制机制
	18	三条红线考核达标情况
	19	河道湖泊管理
水景观	20	水利风景区建设
	21	亲水空间的多样性
	22	滨岸带景观建设与观赏游憩价值
水文化	23	水文化宣传情况
	24	水生态文明知识普及率
	25	中小学节水教育普及率
	26	特色水历史文化的挖掘与保护

　　（2）江西省水生态文明乡（镇）评价指标投票问卷调查表统计结果。问卷调查回收调查表 200 份，其中有效调查表 190 份。经统计，被调查者女性占 53.33%，男性 46.67%。年龄主要集中在 30～40 岁，占 56.66%；其次为 20～30 岁，占 36.67%；40 岁以上 6.67%。受教育程度以硕士学历居多，占 46.66%；本科、博士学历均占 26.67%。职业以水利行业居多，占 66.67%，环保、农业/林业/渔业分别占 10.00% 和 6.67%，其他行业占 16.66%，详见表 2.6。从公众基本信息来看，被调查者涉及社会上不同年龄结构、不同职业、不同文化层次的公众意见，保障了本书数据的可靠性。江西省水生态文明乡（镇）评价指标问卷调查统计结果详见表 2.7。

表 2.6　　江西省水生态文明乡（镇）评价指标问卷调查公众基本信息

基本情况	选项	比例/%	基本情况	选项	比例/%
性别	男	46.67	年龄	30～40 岁	56.66
	女	53.33		40 岁以上	6.67
受教育程度	本科	26.67	从事行业	水利	66.67
	硕士	46.66		环保	10.00
	博士	26.67		农业/林业/渔业	6.67
年龄	20～30 岁	36.67		其他	16.66

表 2.7　　江西水生态文明乡（镇）评价指标问卷调查统计结果

类别	序号	评价指标	比例①/%
水安全	1	防洪除涝工程达标率	75.00
	2	病险水库、水闸除险加固率	58.33
	3	城镇自来水普及率	41.67
	4	城镇生活供水保障率	25.00
	5	集中式饮用水水源水质达标率	79.17
	6	农田灌溉用水水质达标情况	83.33
	7	农田灌溉用水保障率	12.50
	8	农业灌溉水有效利用系数	33.33
水环境	9	城镇生活污水集中处理率	45.83
	10	城镇生活垃圾无害化处理率	66.67
	11	畜禽养殖污染治理情况	8.33
	12	农药施用量增长率	87.50
	13	化肥施用量增长率	29.17
	14	肥药双控先进技术使用情况	25.00
	15	河长制实施情况	41.67
	16	规范化养殖	91.67
	17	水功能区水质达标率	50.00
	18	地表水水质	45.83
	19	排污口达标排放率	58.33
水生态	20	水系连通率	79.17
	21	新建堤防生态护岸比例	16.67
	22	生态需水保障	75.00
	23	水土保持三同时落实率	12.50
	24	水土流失面积比率	62.50
	25	水土流失治理率	70.23
	26	河湖水域面积保有率	16.67
	27	河湖自然岸线保有率	16.67
	28	水域面积比例	50.00
水管理	29	水利工程管理到位率	75.00
	30	水利工程设施完好率	62.50
	31	人均生活用水量	29.17
	32	生活节水器具普及率	29.17
	33	农业节水技术使用情况	25.00
	34	水生态文明组织机构与制度建设情况	58.33
	35	水生态文明建设相关工作考核占党政绩效考核的比例	50.00

类别	序号	评 价 指 标	比例①/%
水景观	36	亲水场地数量	70.83
	37	水景观类型	66.67
	38	水利风景区建设	54.17
	39	水景观影响力	45.83
水文化	40	中小学节水教育普及率	54.17
	41	水生态文明知识普及率	70.83
	42	水文化宣传情况	29.17
	43	水文化挖掘与保护	16.67
	44	公众参与程度	79.17
	45	水生态文明建设信息公开情况	16.67
	46	公众对水生态文明建设的满意度	33.33
	47	公众水生态文明理念	37.50

① 比例为选取其指标人数占有效调查人数的比例。

根据表 2.7 的调查结果，按照指标选取比例从高到低取前 18 个指标作为江西省水生态文明乡（镇）评价指标，见表 2.8。

表 2.8　　江西水生态文明乡（镇）问卷调查选取的评价指标

准则层	序号	评 价 指 标
水安全	1	防洪除涝工程达标率
	2	病险水库、水闸除险加固率
	3	集中式饮用水水源水质达标率
	4	农田灌溉用水水质达标情况
水环境	5	城镇生活垃圾无害化处理率
	6	农药施用量增长率
	7	规范化养殖
	8	排污口达标排放率
水生态	9	水系连通率
	10	生态需水保障
	11	水土流失治理率
水管理	12	水利工程管理到位率
	13	水利工程设施完好率
	14	水生态文明组织机构与制度建设情况

续表

准则层	序号	评 价 指 标
水景观	15	亲水场地数量
	16	水景观类型
水文化	17	水生态文明知识普及率
	18	公众参与程度

（3）江西省水生态文明村评价指标投票问卷调查表统计结果。本次问卷调查回收调查表 200 份，其中有效调查表 196 份。经统计，被调查者男性占 55.56％，女性 44.44％。年龄主要集中在 30～40 岁，占 60.00％；其次为 20～30 岁，占 37.50％；40 岁以上 2.50％。受教育程度以硕士居多，占 65.00％；博士和本科及以下学历分别为 22.50％和 15.00％。职业以水利行业居多，占 50.00％，环保、农业/林业/渔业分别占 7.50％和 5.00％，其他行业占 37.50％，详见表 2.9。从公众基本信息来看，被调查者涉及社会上不同年龄结构、不同职业、不同文化层次的公众意见，保障了本书数据的可靠性。江西水生态文明村评价指标问卷调查统计结果见表 2.10。

表 2.9　　　　江西省水生态文明村评价指标问卷调查公众基本信息

基本情况	选项	比例/％	基本情况	选项	比例/％
性别	男	55.56	年龄	30～40 岁	60.00
	女	44.44		40 岁以上	2.50
受教育程度	本科及以下	15.00	从事行业	水利	50.00
	硕士	65.00		环保	7.50
	博士	22.50		农业/林业/渔业	5.00
年龄	20～30 岁	37.50		其他	37.50

表 2.10　　　　江西水生态文明村评价指标问卷调查统计结果

准则层	序号	评 价 指 标	比例/％
水安全	1	防洪除涝工程达标率	59.38
	2	病险水库、水闸除险加固率	25.00
	3	农村集中供水普及率	25.00
	4	农村生活供水保障率	84.38
	5	饮用水水质达标情况	46.88
	6	农田灌溉用水水质达标情况	43.75
	7	农田灌溉用水保障率	50.00
	8	农业灌溉水有效利用系数	21.88

续表

准则层	序号	评　价　指　标	比例/%
水环境	9	农村生活污水集中处理率	21.88
	10	农村生活垃圾无害化处理率	56.25
	11	畜禽养殖污染治理情况	87.50
	12	农药施用量增长率	68.75
	13	化肥施用量增长率	31.25
	14	肥药双控先进技术使用情况	31.25
	15	农田排水水质达标情况	53.13
	16	河长制实施情况	40.63
	17	规范化养殖	25.00
	18	地表水水质	59.38
	19	排污口达标排放率	43.75
水生态	20	水库、山塘、门塘水系连通率	56.25
	21	新建堤防生态护岸比例	25.00
	22	生态需水保障	53.13
	23	水土保持三同时落实率	18.75
	24	水土流失面积比率	25.00
	25	水土流失治理率	59.38
	26	河湖水域面积保有率	43.75
	27	河湖自然岸线保有率	25.00
	28	水域面积比例	31.25
水管理	29	水利工程管理到位率	56.25
	30	水利工程设施完好率	71.88
	31	人均生活用水量	34.38
	32	生活节水器具普及率	34.38
	33	农业节水技术使用情况	62.50
	34	水生态文明组织机构与制度建设情况	31.25
	35	水生态文明建设相关工作考核占党政绩效考核的比例	37.50
水景观	36	亲水场地建设	59.38
	37	亲水景观建设与观赏游憩价值	90.63
	38	滨岸带景观建设与观赏游憩价值	40.63
	39	水利风景区建设	21.88

续表

准则层	序号	评 价 指 标	比例/%
水文化	40	中小学节水教育普及率	37.50
	41	水生态文明知识普及率	62.50
	42	水文化宣传情况	65.63
	43	水文化挖掘与保护	43.75
	44	公众参与程度	34.38
	45	水生态文明建设信息公开情况	15.63
	46	公众对水生态文明建设的满意度	18.75
	47	公众水生态文明理念	25.00

根据表 2.10，按照指标选取比例从高到低，取前 18 个指标作为江西省水生态文明村评价指标，由于存在比例相同指标，故初取 19 个指标，见表 2.11。

表 2.11　　　　　江西水生态文明村调查选取的评价指标

准则层	序号	评 价 指 标
水安全	1	防洪排涝工程达标率
	2	农村生活供水保障率
	3	农田灌溉用水保障率
水环境	4	农村生活垃圾无害化处理率
	5	畜禽养殖污染治理情况
	6	农药施用量增长率
	7	农田排水水质达标情况
	8	地表水水质
水生态	9	水库、山塘、门塘水系连通率
	10	新建堤防生态护岸比例
	11	生态需水保障
	12	水土流失治理率
水管理	13	水利工程管理到位率
	14	水利工程设施完好率
	15	农业节水技术使用情况
水景观	16	亲水场地建设
	17	亲水景观建设与观赏游憩价值
水文化	18	水生态文明知识普及率
	19	水文化宣传情况

2. 专家咨询

在问卷调查的基础上，通过函询征求专家意见，最终确定江西省水生态文明评价指标。

江西省水生态文明县评价指标在问卷调查确定指标的基础上，增加了病险水库、水闸除险加固率、工业供水保障率、农业灌溉保障情况、规范化养殖、水系连通率、水域面积比率、公众对水生态文明建设的满意度等 7 个指标，删除防洪除涝工程达标率、城市供水水源水质达标率、地下水水质达标率、复用水率、特色水历史文化的挖掘与保护、中小学开展节水科普教育比例等 6 个指标，河长制实施情况与河道湖泊管理两个指标合并统称为河长制实施情况，水功能区水质达标率合并至三条红线考核达标情况，最终确定了基于水安全、水环境、水生态、水管理、水景观、水文化六大体系 25 个指标。

江西省水生态文明乡（镇）评价指标在问卷调查确定指标的基础上，增加城镇生活供水保障率、农田灌溉用水保障率、畜禽养殖污染治理情况、化肥施用量增长率（与农药施用量增长率合并）、河道湖泊管理、城镇生活污水集中处理率、中小学节水教育普及率、水文化宣传情况等指标，其中，农田灌溉用水保障率与农田灌溉用水水质达标情况合并为农业灌溉保障情况，由此构成基于水安全、水环境、水生态、水管理、水景观、水文化六大体系 23 个指标在内的江西省水生态文明乡（镇）评价指标体系。

江西省水生态文明村评价指标在问卷调查确定指标的基础上，增加农田灌溉用水水质达标情况、农村生活污水集中处理率、化肥施用量增长率（与农药施用量增长率合并）、河道湖泊管理、水文化挖掘与保护、公众参与程度等 6 个指标，删除地表水水质指标，农田灌溉用水水质达标情况与农田灌溉用水保障率合并为农业灌溉保障情况，构成了基于水安全、水环境、水生态、水管理、水景观、水文化六大体系 23 个指标在内的江西省水生态文明村评价指标体系。

经过以上对初拟水生态文明评价指标体系的补充和调整，本书最终建立了由目标层、准则层、指标层构成的江西省水生态文明评价指标体系，见表 2.12。

表 2.12　　　　　　　水生态文明建设评价指标体系

准则层	县评价指标	乡（镇）评价指标	村评价指标
水安全	1 病险水库、水闸除险加固率	1 防洪除涝工程达标率	1 防洪除涝工程达标率
	2 城镇生活供水保障率	2 病险水库、水闸除险加固率	2 饮用水水质达标情况
	3 工业供水保障率	3 城镇生活供水保障率	3 农村生活供水保障率
	4 备用水源地建设情况	4 集中式饮用水水源水质达标率	4 农业灌溉保障情况
	5 农业灌溉保障情况	5 农业灌溉保障情况	

续表

准则层	县评价指标	乡（镇）评价指标	村评价指标
水环境		6 城镇生活污水集中处理率	5 农村生活污水集中处理率
	6 城镇生活污水集中处理率	7 城镇生活垃圾无害化处理率	6 农村生活垃圾无害化处理率
	7 排污口达标排放率	8 畜禽养殖污染治理情况	7 畜禽养殖污染治理情况
	8 规范化养殖	9 农药、化肥施用量增长率	8 农药、化肥施用量增长率
	9 饮用水水源地保护	10 河道湖泊管理	9 农田排水水质达标情况
		11 规范化养殖	10 河道湖泊管理
		12 排污口达标排放率	11 规范化养殖
水生态	10 水土流失治理率		
	11 生态需水保障	13 水系连通率	12 水库、山塘、门塘水系连通率
	12 水域面积比例	14 生态需水保障	13 生态需水保障
	13 城市绿化覆盖率	15 水土流失治理率	14 水土流失治理率
	14 水系连通率		
水管理	15 水资源监控覆盖率	16 水利工程管理到位率	15 水利工程管理到位率
	16 水利工程设施完好率	17 水利工程设施完好率	16 水利工程设施完好率
	17 管理体制机制	18 水生态文明组织机构与制度建设情况	17 农业节水技术使用情况
	18 三条红线考核达标情况		
	19 河长制实施情况		
水景观	20 水利风景区建设	19 亲水场地数量	18 亲水场地建设
	21 亲水空间的多样性	20 水景观类型	19 亲水景观建设与观赏游憩价值
	22 滨岸带景观建设与观赏游憩价值		
水文化	23 水文化宣传情况	21 中小学节水教育普及率	20 水生态文明知识普及率
	24 水生态文明知识普及率	22 水文化宣传情况	21 水文化宣传情况
	25 公众对水生态文明建设的满意度	23 公众参与程度	22 水文化挖掘与保护
			23 公众参与程度

（1）目标层：目标层为"江西省水生态文明"，包括县、乡（镇）、村三级，是对各级水生态文明评价指标体系的整体高度概括，反映江西省县、乡（镇）、村水生态文明状况的总体水平。

（2）准则层：准则层是水生态文明建设的主要内容，从不同方面反映江西省县、乡（镇）、村水生态文明建设水平，包括水安全、水环境、水生态、水景观、水文化六大方面。

（3）指标层：指标层是对准则层的具体分述，在准则层下选择若干指标组成。本论文选取了 25 个直接反应江西省水生态文明县建设状况的指标，23 个直接反映江西省水生态文明乡（镇）建设状况的指标以及 23 个直接反映江西省水生态文明村建设状况的指标，以上指标以定量为主、定性为辅，对易于获取数据的指标尽可能地通过量化指标来反映，对难以准确量化的指标通过定性描述来反映。

2.2 水生态文明建设评价指标的含义及计算方法

根据江西省水生态文明县、乡（镇）、村评价指标体系，综合县、乡（镇）、村评价指标，最终确定 45 个评价指标，其中水安全指标 9 个，水环境指标 9 个，水生态指标 6 个，水管理指标 8 个，水景观指标 7 个，水文化指标 6 个。在各评价指标中，由于评价行政单元不同，指标评价内容和计算方法不同。

2.2.1 水安全指标体系

1. 县级、乡（镇）级病险水库、水闸除险加固率

指标含义：按照《水库大坝安全鉴定办法》（2003 年 8 月 1 日前后分别执行水管〔1995〕86 号、水建管〔2003〕271 号），通过规定程序确定为三类坝的水库，属病险水库。评价范围为重点山塘和小（2）型及以上水库。

计算方法：（已完成除险加固的病险水库、水闸数量÷应治理的病险水库、水闸数量）×100％。

2. 县级、乡（镇）级城镇生活供水保障率

指标含义：指预期供水量在多年供水中能够得到充分满足年数出现的概率，以百分率表示，反映需水量得到满足的程度。供水保证率是评价供水工程供水能力的重要指标，也是供水工程设计标准的一项重要指标。

计算方法：生活供水量能够满足预期的年数÷总供水年数×100％。

3. 县级工业供水保障率

指标含义：保障工业用水是社会发展的基本条件，以能够满足县域工业发展需求为标准。

计算方法：工业供水量能够满足预期的年数÷总供水年数×100％。

4. 县、村级农业灌溉保障情况

指标含义：是指农田灌溉水源的保障情况、农田灌排渠系完整和畅通程度、以及农田灌溉水水质达标情况，其中农田水质标准参考《农田灌溉水质标准》（GB 5084—2005），以农田灌溉水源水质为依据。

5. 县级备用水源地建设情况

指标含义：反映城市对饮水用水源地突发环境事件应急能力，要求县建成区除现有饮用水水源地外，还应有能够满足应急备用水源的需求。根据《江西省水污染防治工作方案》，到 2020 年年底前，各设区市应完成备用水源或应急水源建设，具备完善的饮用水水源地环境应急机制和能力。

6. 乡（镇）、村级防洪除涝工程达标率

指标含义：表征城镇范围内抵御洪水涝灾，保障水资源、生态安全的能力，反映了城镇防洪除涝等水利工程的安全状况。标准参照《防洪标准》（GB 50201—2014）。

计算方法：防洪除涝工程达标数÷防洪除涝工程总数×100％。

7. 乡（镇）级集中式饮用水水源水质达标率

指标含义：表征饮用水水质达标程度，反映人民群众用水安全，地表水饮用水水源地取水口供水水质达到或优于《地表水环境质量标准》（GB 3838—2002）Ⅲ类标准；地下水饮用水水源地供水水质达到或优于《地下水质量标准》（GB/T 14848—1993）Ⅲ类标准。

计算方法：水质达标的集中式饮用水水源地÷集中式饮用水水源地总数×100％。

8. 村级饮用水水质达标情况

指标含义：反映农村饮水安全，表征饮用水水质达标情况，水质标准参考《生活饮用水卫生标准》（GB 5749—2006）。

9. 村级农村生活供水保障率

指标含义：用于表征村中集中供水保障程度，综合反映生活供水水资源量是否充足，用预期供水量在多年供水中能够得到充分满足年数出现的概率表示。

计算方法：供水量能够满足预期的年数÷总供水年数×100％。

2.2.2　水环境指标体系

1. 县、乡（镇）、村级城镇生活污水集中处理率

指标含义：表征行政单元范围内生活污水排放有效控制程度，反映区域内生活污水处理水平，以年集中处理的污水量占污水排放总量的百分比表示。

计算方法：年集中处理生活污水量÷年生活污水排放总量×100％。

2. 县、乡（镇）级排污口达标排放率

指标含义：根据环保部门划定的重点污染源排污口，监测排污口污水排放达标率。

计算公式：重点排污口污水排放达标率＝重点排污口达标排放数量÷重点

排污口总量×100%。

3. 县、乡（镇）、村级规范化养殖

指标含义：指辖区内小（2）型及以上水库、库区周边地区的畜禽养殖应实现规范化。具体要求如下：对于饮用水水源地、禁养区的水库，水库水体、周边地区范围内无承包养殖、网箱养鱼等污染排放项目；非饮用水水源地、限养区、适养区的水库，严格按照《江西省畜禽养殖管理办法》等有关法律法规要求执行，积极推行人放天养，定期投放水质净化鱼苗，禁止使用无机肥、有机肥、生物复合肥等进行肥水养殖；库区内畜禽养殖场、养殖小区和分散养殖户及时收集、贮存、清运畜禽粪便、污水等，建设畜禽养殖废弃物无害化处理和综合利用的设施，禁止粪便和污水直接向水体等环境排放。

4. 县级饮用水水源地保护

指标含义：饮用水水源地保护是指饮用水水源地划定保护区且相关措施完备。考核是否对饮用水水源地进行了保护区的划分且达到《饮用水水源保护区污染防治管理规定》中的保护标准，并在保护区是否设置饮用水水源地保护区指示牌和保护宣传牌等措施。

5. 乡（镇）、村级城镇生活垃圾无害化处理率

指标含义：表征区域范围内生活垃圾无害化处理程度，反映区域生活垃圾无害化处理水平，以年无害化处理的生活垃圾量占年生活垃圾总量的百分比表示。

计算方法：年无害化处理的生活垃圾量÷年生活垃圾总量×100%。

6. 乡（镇）、村级畜禽养殖污染治理情况

指标含义：属于农业面源污染控制指标之一，以乡（镇）、村范围内规模化畜禽养殖场是否建有配套的粪污处理与利用设施并正常运行为依据。

7. 乡（镇）、村级农药、化肥施用量增长率

指标含义：属于农业面源污染控制指标之一，以乡（镇）、村范围内农药施用量增长率和化肥施用量增长率表示。

计算公式：农药施用量增长率＝(本年度农药施用量－上年度农药施用量)÷上年度农药施用量×100%；

化肥施用量增长率＝(本年度化肥施用量－上年度化肥施用量)÷上年度化肥施用量×100%。

8. 乡（镇）、村级河道湖泊管理

指标含义：主要考核是否推行河长制；是否建立了河长制管理机制；是否设有河长制公示牌；河道管理是否到位，是否存在非法采砂、河道淤积、裁弯取直、违规建设项目等。

9. 村级农田排水水质达标情况

指标含义：属于农村农业面源污染控制指标之一，表征农田排水水质情况，排水水质标准应根据排水用途，参照相应的标准。

2.2.3 水生态指标体系

1. 县、乡（镇）、村级水土流失治理率

指标含义：表征坡面的生态系统的完好程度，反映水土流失治理情况。水土保持治理率是丘陵地区重要的生态指标之一。

计算公式：水土流失治理率＝已治理的水土流失面积÷应治理的水土流失面积×100%。

2. 县、乡（镇）、村级生态需水保障

指标含义：指河流的天然最小流量与维持河流水沙平衡、污染物稀释自净、水生生物生存和河口生态所需要的最小流量之比，反映河道内水资源量满足生态环境要求的状况。本书生态需水保障以主要河流不断流，湖泊不干涸，枯水期最小流量基本满足生态需求为标准。

3. 县级水域面积比

指标含义：城市建成区有足够的水域面积供人们休闲娱乐，通过城市适宜水域面积比来考察。即：县城区及城乡结合部水域（包括湿地）的面积占总面积的比例。

计算方法：水域（包括湿地）的面积÷县城区及城乡结合部总面积×100%。

4. 县级城市绿化覆盖率

指标含义：城市各类型绿地（公共绿地、街道绿地、庭院绿地、专用绿地等）合计面积占城市总面积的比例。其高低是衡量城市环境质量及居民生活福利水平的重要指标之一。

计算方法：城市内绿化面积÷城市面积×100%。

5. 县级、乡（镇）水系连通率

指标含义：指河道干支流、湖泊及其他湿地等水系的连通情况，反映水流的连续性和水系的连通状况。这一概念强调了河流、湖泊在水系连通性中的重要作用。

计算方法：流动的河流及畅通的湖泊数量÷河湖总数×100%。

6. 村级水库、山塘、门塘水系连通率

指标含义：表征水系在纵向和横向上的连通程度，反映在流动水系生态元素在空间结构上的联系及其生态健康状况。

计算方法：流动的水库、山塘、门塘数量÷水库、山塘、门塘总数×100%。

2.2.4 水管理指标体系

1.县级水资源监控覆盖率

指标含义：反映城市对工业和供水取用水户有监控能力，以监控工业和供水取用水户的覆盖率为标准。

计算方法：监控覆盖的工业和供水取用水户数÷总工业和供水取用水户数×100%。

2.县、乡（镇）、村级水利工程设施完好率

指标含义：管辖范围内水生态服务功能的水利工程本身质量满足安全要求。该评价指标从水利工程设施质量、水利设施设备的运行状况等方面进行评价。

计算公式：水利工程设施完好率＝设施完好的水利工程数量÷水利工程总数×100%。

3.县级管理体制机制

指标含义：指涉水部门管理机构、管理制度和人员职责。评价指标为机构健全、制度完备、人员配备合理。

4.县级三条红线考核达标情况

指标含义：反映城市最严格水资源管理制度落实情况，评价用水总量控制指标、用水效率指标、水功能区水质达标率控制指标等达到江西省下达指标任务的情况。

5.县级河长制实施情况

指标含义：反映河长制组织体系的完善程度及实施效果，以市级或省级的考核结果为评价标准。

6.乡（镇）、村级水利工程管理到位率

指标含义：考核乡（镇）、村范围内建成的水利工程是否有专职水利工程管理维护人员和有效的管理办法。其中对水利工程的界定参考《江西省水利工程条例》（2009），即圩堤、水库、大坝、水闸、泵站、灌区渠道、水电站等在江河、湖泊和地下水源上开发、利用、控制、调配和保护水资源的各类工程及其配套设施。

计算方法：已管理的水利工程数量÷水利工程总数×100%。

7.乡（镇）级水生态文明组织机构与制度建设情况

指标含义：考核是否成立专门的水生态文明乡（镇）建设工作领导小组，制定详细的相关制度与规范。

8.村级农业节水技术使用情况

指标含义：考核村庄内农田是否运用了喷灌、微灌、滴灌以及低压管道灌

溉等节水灌溉技术。

2.2.5　水景观指标体系

1. 县级水利风景区建设

指标含义：反映区域涉水风景区的建设与保护情况，评价内容为城市所有水利风景区的数量和级别。

2. 县级亲水空间的多样性

指标含义：评价城区亲水场地的种类，以及安全保护和防护设施的完备情况。

3. 县级滨岸带景观建设与观赏游憩价值

指标含义：城市水体沿岸景观丰富，应注重自然生态保护，展现当地文化特色，形成城市特有的风光带，亲水景观与人良好共生，为居民营造良好的生活、娱乐及休闲空间。评价指标为水域及周边环境观赏性、亲水性、人文特色及整体景观效果。

4. 乡（镇）级亲水场地数量

指标含义：考核乡（镇）范围内亲水场地的数量，亲水场地包括水上汀步、水边踏步、阶梯护岸、平台、戏水池、喷泉等。

5. 乡（镇）级水景观类型

指标含义：考核乡（镇）范围内水景观的多样性，风景河道、漂流河段、湖泊（水库）、瀑布、泉、喷泉、水利风景区、湿地公园、景观拦河坝等均属于水景观。

6. 村级亲水场地建设

指标含义：考核村庄内是否建有亲水场地，亲水场地包括水上汀步、水边踏步、阶梯护岸、平台、戏水池、喷泉等。

7. 村级亲水景观建设与观赏游憩价值

指标含义：考核村庄内是否建有水景观工程供村民观赏游憩，风景河道、漂流河段、湖泊（水库）、瀑布、泉、喷泉、水利风景区、湿地公园、景观拦河坝、人工湿地、生态沟塘等均属于水景观。

2.2.6　水文化指标体系

1. 乡（镇）级中小学节水教育普及率

指标含义：表征乡（镇）范围内中小学开展节水教育情况。

计算方法：开展了节水教育的中小学数量÷中小学总数×100%。

2. 县、乡（镇）、村级水文化宣传情况

县级水文化宣传情况指标含义：在当地主要广播、电视、报纸、网站等主流媒体开设节水专栏，城市内有节水宣传标语和广告，学校有节水教育课程等。能够充分挖掘县域范围内的特色水文化，对已有的水文化有保护和宣传措施。

乡（镇）级水文化宣传情况指标含义：包括设置水生态文明宣传栏、水生态文明建设媒体报道、凝练水生态文明建设宣传标语并宣传、定期评选水生态文明建设模范家庭或标兵等情况。

村级水文化宣传情况指标含义：包括设置水生态文明宣传栏、水生态文明建设媒体报道、凝练水生态文明建设宣传标语并宣传、定期评选水生态文明建设模范家庭或标兵等情况。

3. 乡（镇）、村级公众参与程度

指标含义：指公众参与政府或其他社会组织举办的各种水生态文明建设活动的程度，用评价单元内参与水生态文明活动的人口数量来表示。

计算方法：参与水生态文明建设活动的人数÷常住人口总数×100%。

4. 县、村级水生态文明知识普及率

县级指标含义：反映公众对生态环境保护、水资源保护、水文化保护与宣传等水生态文明相关知识的掌握程度。通过调查问卷的形式获取相应的指标值，以知晓人员数量占总调查人数的比例表示。

村级指标含义：指政府、企业或其他社会组织向村民宣传水生态文明知识的覆盖率，用村庄内接受水生态文明知识普及的人口比例来表示。

计算方法：知晓人员数量÷总调查人数×100%

5. 县级公众对水生态文明建设的满意度

指标含义：是指公众对水生态文明建设的满意率，通过随机发放问卷抽样调查公众对水生态文明建设满意率，统计评价在满意以上等级的调查人数占总调查人数的比例。

计算方法：评价在满意等级以上的调查人数÷抽样调查人数×100%。

6. 村级水文化挖掘与保护

指标含义：包括是否有文化保护机构、文化建筑保护区；是否发掘出保护完好的水利遗产等情况。

第 3 章

水生态文明建设技术

根据水生态文明概念和内涵，结合县、乡（镇）、村水生态文明建设内容和江西省县、乡（镇）、村水生态文明分级评价指标体系，系统构建江西省县、乡（镇）、村水生态文明建设技术体系，为江西省水生态文明建设提供技术支撑。

3.1 水安全保障技术

3.1.1 防洪排涝

3.1.1.1 标准确定

1. 防洪标准

城市和乡村应根据《防洪标准》（GB 50201—2014）和《堤防工程设计规范》（GB 50286—2013）等有关规定，结合各区域社会经济地位的重要性、人口规模等，合理确定其防洪标准。一般情况下，县城防洪标准采用 20 年一遇洪水标准，乡（镇）防洪标准采用 10 年一遇洪水标准。

2. 排涝标准

排涝设计标准应根据各涝区面积大小、保护对象重要程度及工农业生产发展的需要等实际情况，并与以往相关治涝规划成果相结合，经综合分析确定。一般情况，县城涝区采用 10 年一遇一日暴雨一日排至不淹重要建设物高程；乡（镇）涝区采用 5 年一遇三日末排至作物耐淹水深。

3.1.1.2 防洪措施

1. 工程措施

目前防洪工程措施主要包括河道整治、修筑堤防、兴建水库、现有水库除险加固、兴建分洪闸坝和建设蓄滞洪区等。目前工程防洪措施在设计、施工、工程管理以及防洪效益评价都有比较成熟的理论和经验，可参考相关技术规范记性设计施工。其中，河道整治根据《河道整治设计规范》（GB 50707—2011）规定；堤防建设依据《堤防工程设计规范》（GB 50286—2013）有关规定；水闸施工依据《水闸设计规范》（SL 265—2016）等规范的有关规定；蓄滞洪区的建设依据《蓄滞洪区设计规范》（GB 50773—2012）等规范进行设计施工。

2. 非工程措施

洪泛区土地使用管理、洪水预报预警自动化建设、灾民撤退措施、洪灾风险评估和灾情信息管理系统建设等。

3.1.2 供水保障

3.1.2.1 生活（工业）供水

1. 供水标准

城市供水设计标准依照《城市给水工程规划规范》（GB 50282—98）等有关规定确定，农村供水工程设计标准依照《村镇供水工程技术规范》（SL 310—2004）、《镇（乡）村给水工程技术规程》（CJJ 123—2008）等有关规定确定。

水源保证率：设计取水量保证率不低于95％。

供水水质：符合国家《生活饮用水卫生标准》（GB 5749—2006）要求。

用水量：分别依照《城市给水工程规划规范》（GB 50282—98）、《村镇供水工程技术规范》（SL 310—2004）中有关规定，并结合当地实际综合拟定。

2. 技术措施

供水工程技术设计要通过建设工程的内在因素和外部条件，经过技术经济比较和综合论证，妥善选择水源，合理安排供水系统工程布局。

根据水源的特点和不同的地形地貌条件，供水采用的技术主要包括两大类：重力自流供水技术和水泵提升供水技术。

（1）重力自流供水技术。当附近有水库、山塘、山泉（溪）等高程较大的水源，且这些水源的水量水质等能保证供水要求时，尽可能采用重力自流供水技术，因为重力自流供水技术具有节能、经济的特点。重力自流供水技术的建设内容、技术特点和应用范围详见表3.1。

（2）水泵提升供水技术。当附近无水库、山塘、山泉（溪）等高位水源，或这些高位水源的水量水质等不能满足供水要求时，需要从河流中取水时，需采用水泵提升供水技术，其建设内容、技术特点和应用范围详见表3.2。

表 3.1　　　重力自流供水技术的建设内容、技术特点和应用范围

建设内容	技 术 特 点		应用范围
	优　点	缺　点	
取水头部或低坝取水构筑物、净水厂、输配水管网等	（1）能实现供水范围内绝大部分区域自流供水，运行成本较低； （2）取水工程建设相对简单，易于施工； （3）水厂厂区可布置在水源工程附近的高地，防洪压力较小	（1）山泉（溪）水、山塘水一般受水源总量的限制，供水保证率很难满足要求，需要多水源联合供水，加大了水源地保护和水源工程管理的难度； （2）水库水由于需承担灌溉任务，在枯水季节为了优先保障饮水工程，灌溉保证率会有所降低，从而加剧灌溉用水矛盾； （3）厂区地势高差变化大，需平整大量土地，且交通不便	村庄附近有水库、山塘、山泉（溪）等高位水源，且水源的水量水质能保证供水要求

表 3.2　　　水泵提升供水技术的建设内容、技术特点和应用范围

建设内容	技 术 特 点		应用范围
	优　点	缺　点	
取水泵站、净水厂、输配水管网等	（1）对水源要求较低，地表水或地下水均可，水量较易满足要求； （2）厂区选址更为灵活，厂区地势较平坦，交通更为便利	（1）需靠水泵提升或加压保证供水，运行成本较高； （2）一般需在河岸修建泵站，投资大、施工难度高，且对河道行洪产生影响，泵站自身的防洪保安压力较大； （3）水厂厂区地势较低，防洪压力较大	村庄附近无水库、山塘、山泉（溪）等高位水源，或高位水源水量无法满足供水要求，需采用地下水或下游河道水

3.1.2.2　农田灌溉供水

农田灌溉供水主要是指对农业耕作区进行的灌溉供水作业。根据农村水源的特点和灌区的地形地貌条件，农田灌溉供水采用的技术主要包括三大类：蓄水灌溉技术、引水灌溉技术和提水灌溉技术。

1. 蓄水灌溉技术

蓄水灌溉技术是利用蓄水设施调节河川径流灌溉农田的一种引水方式。当河流的天然来水流量过程不能满足灌区的灌溉用水流量过程时，可在河流的适当地点修建水库或塘坝等蓄水工程以调节河流的来水过程，以解决来水和用水之间的矛盾；也可以利用已有水库（塘坝）为水源进行灌溉。蓄水灌溉技术的建设内容、技术特点和应用范围详见表 3.3。

2. 引水灌溉技术

引水灌溉技术是当河流水量丰富、不经调蓄即能满足灌溉用水要求时，在河道的适当地点修建引水建筑物，以保证引入的河水能实现灌区范围内自流灌溉农田的一种灌溉方式。相对于蓄水灌溉技术，引水灌溉技术的取水构筑物更为简单。引水灌溉技术的建设内容、技术特点和应用范围详见表 3.4。

表 3.3　　　　　蓄水灌溉技术的建设内容、技术特点和应用范围

建设内容	技术特点		应用范围
	优　点	缺　点	
新建或利用已有水库（山塘）、渠系及配套建筑物、田间工程配套建筑物	（1）基本能实现区域内自流灌溉，运行成本较低； （2）能对区域内水量进行调节，灌溉保证率较高	（1）新建水库（山塘）投资较大； （2）利用已有水库（山塘），会产生农饮供水和灌溉供水之间的矛盾	村庄附近有水库（山塘），或有合适的水文和地形条件修建水库（山塘）

表 3.4　　　　　引水灌溉技术的建设内容、技术特点和应用范围

建设内容	技术特点		应用范围
	优　点	缺　点	
低坝取水构筑物、渠系及配套建筑物、田间工程配套建筑物	（1）基本能实现区域内自流灌溉，运行成本较低； （2）水源工程建设相对简单，易于施工	（1）受河川径流量影响，枯水季节灌溉保证率较低； （2）修建低坝影响河道行洪，加剧坝址上游河道淤积和下游冲刷	有河流流经村庄附近，且有适宜高程的河段修建低坝

3. 提水灌溉技术

当河流水量丰富而灌区位置较高、河流水位和灌溉要求水位相差较大、修建自流引水工程困难或不经济时，可在灌区附近的河流岸边修建提水泵站，提水灌溉农田。由于增加了机电设备厂房等建筑物，需要消耗能源，运行管理费用较高。提水灌溉技术的建设内容、技术特点和应用范围详见表 3.5。

表 3.5　　　　　提水灌溉技术的建设内容、技术特点和应用范围

建设内容	技术特点		应用范围
	优　点	缺　点	
提水泵站、渠系及配套建筑物、田间工程配套建筑物	对水源的要求较低，地表水或地下水均可	（1）枯水季节灌溉保证率较低； （2）需靠水泵提升保障灌溉供水，运行成本较高； （3）一般需在河岸边修建泵站，投资大、施工难度高，且对河道行洪产生影响，泵站自身的防洪保安压力较大	地表、地下水源均可

3.2　水环境治理技术

3.2.1　城市污水治理

3.2.1.1　一般规定

（1）城市污水处理设施建设，应依据城市总体规划和水环境规划、水资源综合利用规划以及城市排水专业规划的要求，做到规划先行，合理确定污水处理设施的布局和设计规模，并优先安排城市污水收集系统的建设。

（2）城市污水处理，应根据地区差别实行分类指导。根据本地区的经济发展水平和自然环境条件及地理位置等因素，合理选择处理方式。

（3）城市污水处理应考虑与污水资源化目标相结合。经济发展污水再生利用和污泥综合利用技术。

（4）对排入城市污水收集系统的工业废水应严格控制重金属、有毒有害物质，并在厂内进行预处理，使其达到国家和行业规定的排放标准。

（5）对不能纳入城市污水收集系统的居民区、旅游风景点、度假村、疗养院、机场、铁路车站、经济开发小区等分散的人群聚居地排放污水和独立工矿区的工业废水，应进行就地处理达标排放。

（6）城市污水处理设施建设，应采用成熟可靠的技术。根据污水处理设施的建设规模和对污染物排放控制的特殊要求，可积极稳妥地选用污水处理新技术。城市污水处理设施出水应达到国家或地方规定的水污染物排放控制的要求。对城市污水处理设施出水水质有特殊要求的，须进行深度处理。

3.2.1.2　城市污水收集系统

（1）对于新城区，应优先考虑采用完全分流制；对于改造难度很大的旧城区合流制排水系统，可维持合流制排水系统，合理确定截留倍数。

（2）在经济较发达的地区或受纳水体环境要求较高时，可考虑初期雨水纳入城市污水收集系统。

（3）严格执行城市排水许可制度，按照有关标准监督检测排入城市污水收集系统的污水水质和水量，确保城市污水处理设施安全有效运行。

3.2.1.3　污水处理

1. 工艺选择要求

（1）城市污水处理工艺应根据处理规模、水质特性、受纳水体的环境功能及当地的实际情况和要求，经全面技术经济比较后优选确定。

（2）工艺选择的主要技术经济指标包括：处理单位水量投资、削减单位污染物投资、处理单位水量电耗和成本、削减单位污染物电耗和成本、占地面积、运行性能可靠性、管理维护难易程度、总体环境效益等。

（3）应切合实际地确定污水进水水质，优化工艺设计参数。必须对污水的现状水质特性、污染物构成进行详细调查或测定，做出合理的分析预测。在水质构成复杂或特殊时，应进行污水处理工艺的动态试验，必要时应开展中试研究。

（4）积极审慎地采用高效经济的新工艺。对在国内首次应用的新工艺，必须经过中试和生产性试验，提供可靠设计参数后再进行应用。

2. 常规污水处理工艺

（1）一级处理工艺。一级处理，应根据城市污水处理设施建设的规划要求和建设规模，选用物化强化处理法，如格栅、沉淀池、厌氧消化等。

（2）二级强化处理工艺：①日处理能力在 20 万 m³ 以上（不包括 20 万 m³/d）的污水处理设施，一般采用常规活性污泥法，也可采用其他成熟技术；②日处理能力在 10 万～20 万 m³ 的污水处理设施，可选用常规活性污泥法、氧化沟法、SBR 法和 AB 法等成熟工艺；③日处理能力在 10 万 m³ 以下的污水处理设施，可选用氧化沟法、SBR 法、水解好氧法、AB 法和生物滤池法等技术，也可选用常规活性污泥法。

（3）二级深度处理。二级深度处理工艺是指除有效去除碳源污染物外，且具备较强的除磷脱氮功能的处理工艺。在对氮、磷污染物有控制要求的地区，日处理能力在 10 万 m³ 以上的污水处理设施，一般选用 A/O 法、A/A/O 法等技术，也可审慎选用其他的同效技术；日处理能力在 10 万 m³ 以下的污水处理设施，除采用 A/O 法、A/A/O 法外，也可选用具有除磷脱氮效果的氧化沟法、SBR 法、水解好氧法和生物滤池法等，必要时也可选用物化方法强化除磷效果。

在有条件的地区，也可利用荒地、闲地等可利用的条件，采用各种类型的土地处理和稳定塘等自然生态净化技术，如：人工湿地技术、生态塘技术、土地渗滤技术等。

3.2.1.4　污泥处理

城市污水处理产生的污泥，应采用厌氧、好氧和堆肥等方法进行稳定化处理。也可采用卫生填埋方法予以妥善处置。经过处理后的污泥，达到稳定和无害化要求的，可农田利用；不能农田利用的，应按有关标准和要求进行卫生填埋处置。

3.2.1.5　污水再生利用

提倡各类规模的污水处理设施按照经济合理和卫生安全的原则，实行污水再生利用。发展再生水在农业灌溉、绿地浇灌、城市杂用、生态恢复和工业冷却等方面的利用。

3.2.2　农村生活污水治理

3.2.2.1　排水体制的选择

1. 完全分流制

完全分流制排水系统（图 3.1）具有污水和雨水两套排水系统，污水排至污水处理设施进行处理，雨水通过独立的排水管渠排入水体。

完全分流制排水系统环保效益较好，但是仍有雨水的初期污染问题，投资较高，新建城市一般采用完全分流制。

2. 截流式合流制

截流式合流制排水系统（图 3.2）是在污水进入处理设施前的主干管上设置截留井或其他截留措施。晴天和下雨初期的雨污混合水输送到污水处理设施，经处理后排入水体；随着雨量增加，混合污水超过截留干管的输水能力后，截留井截留部分雨污混合水直接排入水体。

截流式合流制特点是投资较省，污染不大，有污水处理厂，适用于干旱地区和旧城改建。

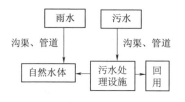

图 3.1　完全分流制排水系统

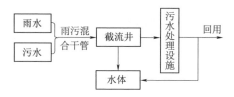

图 3.2　截留式合流制排水系统

3. 不完全分流制

不完全分流制排水系统（图 3.3）是只有污水系统而没有完整的雨水系统，污水经污水管道进入污水处理设施进行处理，雨水自然排放。

不完全分流制节省投资，适用于地形适宜、有地面水体、可顺利排泄雨水的城镇和发展中城镇，为节省投资，可以先建污水系统，再完善雨水系统。

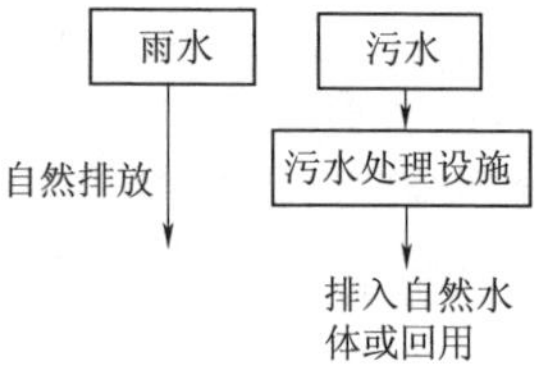

图 3.3　不完全分流制排水系统

3.2.2.2　村庄排水收集

1. 集中收集处理

通过铺设全村污水管网，将污水收集后，再进入污水处理站集中处理。集中式污水处理系统示意如图 3.4 所示。

优点：这种收集模式是城市污水收集的主要形式，具有占地面积小、处理

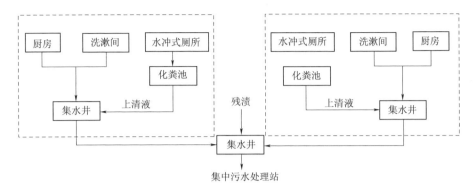

图 3.4 集中式污水处理系统示意图

彻底、出水水质标准高、抗冲击能力强、运行安全可靠、出水水质好等特点。

适用范围：该模式适用于村庄布局相对密集、规模较大、经济条件好、村镇企业或旅游业发达、处于水源保护区内的单村或联村污水处理。

2. 集中收集后排入市政管网入城市污水处理厂

一些邻近市区或县城的农村，附近有市政污水管网，地势较平缓，可以将村庄内所有农户污水经污水管道集中收集后，统一接入邻近市政污水管网，利用城镇污水处理厂统一处理村庄污水。

优点：该模式不需要在村庄附近建污水处理站，具有投资省、施工周期短、见效快、统一管理方便、治理较彻底等特点，但对村庄的地形条件有一定的要求，高程落差要符合接入市政管网的要求，同时接入市政管网也需要一定的投资。

适用范围：只有具备一定外部条件并有一定经济实力的村庄，才适合采用管网截污的治理模式，实现农村污水处理由"分散治污"向"集中治污、集中控制"的方向转变。

3. 分散处理

在我国农村，大部分住户分散，相互之间距离远，地势起伏，并常伴有沟渠、桥路等。因此，将这些各自汇集流淌的污水收集到一起集中处理难度很大，甚至需要采取污水管道保温措施及进行污水提升。这对相对落后的农村来说，投资及运行费用均难以负担，并且实施难度很大。为了有效治理污水并节省工程投资，可采用分散式污水处理系统（图 3.5）。

优点：该模式具有布局灵活、施工简单、管理方便、出水水质有保障等特点。该模式是根据村庄的居住密度、地势坡度、沟渠路桥位置等，将每个村划分为大小不同的区域，各农户污水按照分区进行收集，每个区域污水单独处理，单独排放或回用。

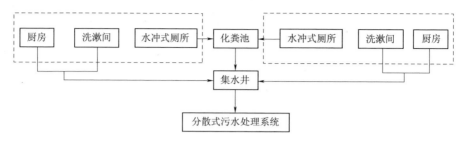

图 3.5　分散式污水处理系统

适用范围：适用于村庄布局分散、规模较小、地形条件复杂、污水不易集中收集的村庄污水处理。

3.2.2.3　农村生活污水处理技术

1. 物理方法

（1）隔油池。利用废水中悬浮物和水的密度不同而达到分离的目的。隔油池的构造多采用平流式，含油废水通过配水槽进入平面为矩形的隔油池，沿水平方向缓慢流动，在流动中油品上浮水面，由集油管或设置在池面的刮油机推送到集油管中流入脱水罐。在隔油池中沉淀下来的重油及其他杂质，积聚到池底污泥斗中，通过排泥管进入污泥管中。经过隔油处理的废水则溢流入排水渠、排出池外，进行后续处理，以去除乳化油及其他污染物。

隔油池设计参照《饮食业环境保护技术规范》（HJ 554—2010）的要求和《全国通用给水排水标准图集 S217-8-6：隔油池》的有关规定。处理农家乐废水时必须设置隔油池。

（2）格栅。废水进入二级处理单元前应设置格栅。格栅根据处理规模选择，一般选用人工清除格栅，水量较大时采用机械格栅。格栅设计参照《室外排水设计规范》（GB 50014—2006）。

（3）沉砂池。沉砂池主要用于去除污水中粒径大于 0.2mm、密度大于 2.65t/m³ 的砂粒，以保护管道、阀门等设施免受磨损和阻塞。其工作原理是以重力分离为基础，故应控制沉砂池的进水流速，使得比重大的无机颗粒下沉，而有机悬浮颗粒能够随水流带走。沉砂池主要有平流沉砂池、曝气沉砂池、旋流沉砂池等。目前运用较多的是旋流沉砂池。

当废水量较大或有散养家禽废水时，应设置沉砂池；其他情况可使设置的集水池（井）具有沉砂功能。沉砂池设计参照《室外排水设计规范》（GB 50014—2006）。

（4）调节池。为了使管渠和构筑物正常工作，不受废水高峰流量或浓度变化的影响，需在废水处理设施之前设置调节池。

2. 生物处理技术

(1) 沼气净化池。沼气净化池是一种分散处理生活污水的装置，它采用生物厌氧消化和过滤相结合的办法，集生物、化学、物理处理于一体，采用多级发酵、多种过滤和多层次净化，实现污水中多种污染物的逐级去除。对于粪便的处理，污水沼气净化池出水水质可达到《污水综合排放标准》（GB 8978—1996）一级标准和《粪便无害化卫生标准》（GB 7959—1987），可进入生物强化处理（灰水处理）单元或直接用于农田灌溉。污水沼气净化池示意如图 3.6 所示。设计可依据《户用沼气标准图集》（GB/T 4750—2002）的有关规定。

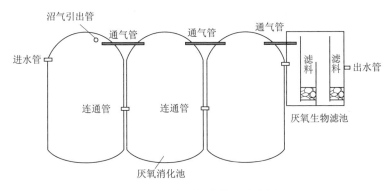

图 3.6　污水沼气净化池示意图

适用特征：污水干物质含量 1%～3%，COD 浓度 500～1000mg/L，BOD_5/COD 值为 0.5～0.6，可生化性好，营养物浓度高；适用人口为 100～300 人。

工程造价及维护：污水沼气净化池容积造价约为 400 元/m^3，基本不需要发生维护管理费用，且产生的沼气可以利用。

(2) 化粪池。化粪池主要是通过污水（黑水）的静置沉淀和厌氧微生物发酵作用，去除粪便污水中的悬浮物、有机物和病原微生物等，具有结构简单、易于施工、造价低、维护管理简便、无能耗、卫生效果好等优点。化粪池一般为三格式。

三格式化粪池主要利用粪便消化的厌氧水解、厌氧发酵和液化作用，由两根过粪管连通的三个密封格式化粪池组成。按其主要功能依次命名为截留沉淀与发酵池、再次发酵池和贮粪池。经处理后进入贮粪池的粪便可通过清运进入农田或者其他好氧生物处理单元作进一步处理。三格式化粪池处理出水可达到《污水综合排放标准》（GB 8978—1996）的一级标准。格式化粪池结构如图 3.7 所示。

关键参数：停留时间为 30d；三池容积比建议为 2：1：3，其中第二池容

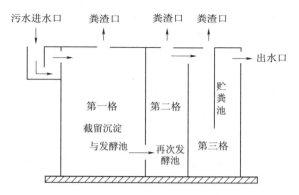

图 3.7 格式化粪池结构示意图

积不小于 0.5m³；第一、第二池粪液面深度不低于 1.0m，并预留浮升空间；化粪池格子形状以长宽比 2∶1 为宜。采用四格式化粪池处理的第四格强化池湿地处理单元规格一般为 1000mm×500mm×800mm，填充粒径 3～5cm 的碎石床，厚度为 60～70cm。

适用特征：户用或小于 100 人村落共用。

工程造价及维护：以 10m³/d 处理规模设计，砖砌三格式化粪池的费用约为 1.0 万元，占地面积约为 20m²；除每年清理一次池渣外，基本不需要维护管理费用发生。

（3）生物接触氧化池。生物接触氧化池是生物膜法的一种，池体中污水浸没填料。全部填料通过曝气或跌水充氧，使氧气、污水和填料充分接触，填料上附着生长的微生物可有效去除污水中的悬浮物、有机物、氨氮和总氮等污染物；具有占地面积小、污泥产量少、抗冲击负荷能力强、操作简便、污染物去除效果好等特点；推荐采用内循环直流式生物接触氧化池。内循环直流式接触氧化池结构示意图如图 3.8 所示。

工艺特点：曝气时间 1.5～3.0h，停留时间约为 1.5d，池体采用矩形，长宽比为 1∶1～1∶2，有效水深宜在 1.5m 左右。

工程造价：以多户联用规模的生物接触氧化池为例，其占地面积约为 5m² 以下，按照 5m³/d 的设计处理规模估计，造价为 2.0 万～3.0 万元；其运行费用也低于传统活性污泥反应池和氧化沟。

维护管理：生物接触氧化池应根据进水水质和处理程度确定采用一段式或多段式；填料应具有对微生物无毒害、易挂膜、质轻、高强度、抗老化、比表面积大和空隙率高的特性。

3. 土地渗滤处理系统

土地渗滤处理系统是一种人工强化的污水生态工程处理技术，它充分利用

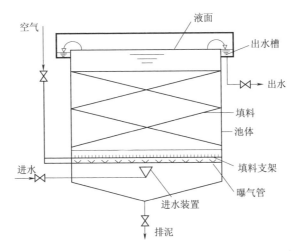

图 3.8 内循环直流式接触氧化池结构示意图

在地表下面的土壤中栖息的土壤微生物、植物根系以及土壤所具有的物理、化学特性将污水净化，属于小型的污水土地处理系统。土地渗滤处理系统如图 3.9 所示。

图 3.9 土地渗滤处理系统

（1）技术特点。①优点：处理效果较好，投资费用省，运行费用低，维护管理简便。②缺点：污染负荷低，占地面积大，设计不当容易堵塞，易污染地下水。③适用范围：适用于资金短缺、土地面积相对丰富的农村地区，与农业或生态用水相结合，不仅可以治理农村水污染、美化环境，而且可以节约水资源。

（2）设计要求。土地渗滤根据污水的投配方式及处理过程的不同，可以分为慢速渗滤、快速渗滤、地表漫流和地下渗滤系统四种类型。

1）慢速渗滤系统。慢速渗滤系统适用于投放的污水量较少的地区，通过

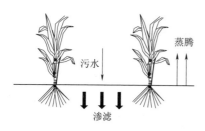

图 3.10 慢速渗滤系统示意图

蒸发、作物吸收、入渗过程后，基本实现污水零排放。慢速渗滤系统如图 3.10 所示。

慢速渗滤系统可设计为处理型和利用型两类。处理型以污水处理为主要目的，设计时应尽可能少占地，选用的作物要有较高耐水性、对氮磷吸收降解能力强。利用型以污水资源化利用为目的，对作物没有特别的要求，在土地面积允许的情况下可充分利用污水进行生产活动，以便获取更大的经济效益。

慢速渗滤系统的具体场地设计参数包括：土壤渗透系数为 $0.036 \sim 0.36 \mathrm{m/d}$，地面坡度小于 30%，土层深大于 0.6m，地下水水位大于 0.6m。

2）快速渗滤系统。快速渗滤系统适用于具有良好渗滤性能的土壤，如砂土、砾石性砂土等。快速渗滤系统示意如图 3.11 所示。

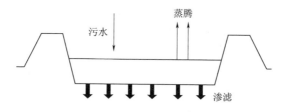

图 3.11 快速渗滤系统示意图

快速渗滤系统可设计为地下水补给型和污水再生利用型，前者无需设计集水系统，而后者则需要设地下水集水措施，以收集利用再生水，在地下水敏感区域必须设计防渗层，防止污染地下水。

地下暗管和竖井都是快速渗滤系统常用的出水方式，如果地形条件合适，可使再生水从地下自流进入地表水体。最优设计参数为 $0.45 \sim 0.6 \mathrm{m/d}$，地面坡度小于 15%，以防止污水下渗不足，土层厚度大于 1.5m，地下水水位大于 1.0m。

3）地表漫流系统。地表漫流系统适用于土质渗透性较差的黏土或亚黏土类地区，地面最佳坡度为 2%～8%。地表漫流系统如图 3.12 所示，废水以喷灌法或漫灌（淹灌）法均匀地在地面上漫流，流向坡脚的集水渠，地面上种植牧草或其他作物供微生物栖息并防止土壤流失，尾水收集后可回用或排入水体。

4）地下渗滤系统。地下渗滤系统将污水投配到距地表一定距离且有良好渗透性的土层中，利用土壤毛细管浸润和渗透作用，使污水向四周扩散，经过沉淀、过滤、吸附和生物降解等作用后达到处理要求。地下渗滤系统如图 3.13 所示。

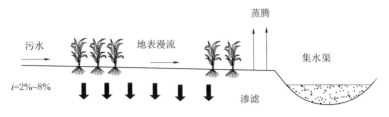

图 3.12　地表漫流系统示意图

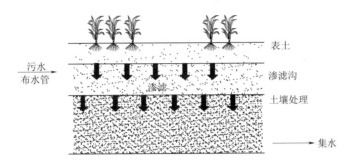

图 3.13　地下渗滤系统示意图

地下渗滤系统的处理水量较少，停留时间较长，水质净化效果比较好，且出水的水量和水质都比较稳定，适于污水的深度处理。

4. 生态浮岛技术

生态浮岛是一种用塑料泡沫等轻质材料做植物生长载体，在其上移植陆生喜水植物，通过植物对氮、磷等营养物质的吸收作用，实现水质净化的污水处理技术。浮岛上移栽的植物既能吸收污水中的营养物质，还能释放出抑制藻类生长的化合物，从而提高出水水质。

农村生活污水经过预处理或好氧生物处理后，排放至村边低洼池塘，在池塘中建造生物浮岛，种植花卉、青饲料和造纸原料等经济性植物，通过植物的生态作用净化水质，同时获得一定的经济收益。

（1）技术特点。①优点：投资成本低，维护费用省，不受水体深度和透光度的限制，能为鱼鸟和鸟类提供良好的栖息空间，兼具环境效益、经济效益和生态景观效益。②缺点：浮岛植物残体腐烂，会引起新的水质污染问题；发泡塑料易老化，造成环境二次污染；植物的越冬管理难度较大。③适用范围：适用于水系发达、气候温暖的农村地区。

（2）设计要求。①稳定性：从浮床选材和结构组合方面考虑，设计出的浮床需具有一定的耐风浪、水流的冲击能力。②耐久性：正确选择浮床材质，保证浮床能历经多年而不会腐烂，能重复使用。③景观性：考虑气候、水质条件，选择成活率高、去除污染效果好的观赏性植物，能给人以愉悦的享受。

④经济性：结合上述条件，选择适合的材料，适当降低建造的成本。⑤便利性：设计过程中要考虑施工、运行、维护的便利性。

（3）工艺原理与技术参数。一般认为生态浮床技术对污染水体中的氮、磷及有机物的消减，是通过植物繁茂根部的吸收、吸附作用和物种竞争相克机理及微生物的吸收利用等原理实现的。生态浮床为水体中的生物创造适宜生存的环境条件，重建稳定的水生态系统，恢复水体生态功能，并通过收获植物的方法将营养物质从水体去除，使水质得到改善、水体功能得到恢复、达到健康水环境的目标。生态浮床技术处理污染水体的机理主要有以下几方面。

1）接触氧化：浮床框架、载体以及植物根系增大了水体与水体生物接触氧化的边缘面积，强化了水体净化功能。

2）降低内源营养物质含量——脱氮除磷：水体中的营养物质矿化为硝酸盐和磷酸盐之后，有利于植物的吸收，并参与光合作用，利用浮床植物对水中营养物的吸附和吸收降低内源营养物质的含量，改善水质，提高环境效益。

3）降解大分子物质：浮床植物拥有发达的根系和庞大的根系面积，附着了大量的细菌和原生动物等，形成生物膜，分泌的酶可以加速水体中大分子污染物的降解，降低污染物含量，净化水质。

4）抑藻作用：高等水生植物与藻类在营养物质和太阳能利用上是竞争关系，前者由于个体大，生命周期长，吸收贮存营养物质的能力强，因此在与藻类竞争吸收水体中的氮磷营养物质时处于优势地位，从而使藻类缺少营养物来源而死亡。同时，部分水生植物根系还能分泌抑藻物质，破坏藻类正常的生理代谢，迫使藻类死亡。

5）植物与微生物的协同效应：主要表现在浮床植物可以输送氧气至根区和维持介质的水力传输，从而为微生物创造得以大量繁殖的微环境。生态浮岛实景如图 3.14 所示。

图 3.14　生态浮岛实景

（4）维护管理。①日常巡查：每周巡检两次，检查浮岛有无破损、松散及链接扣是否掉落，及时清理附着在浮岛周围的杂物或垃圾。②生态浮岛单体因冲击或人为原因受到损坏时，依损坏程度进行修补或更换浮岛单体，同时补种植物。③生态浮岛链接扣破损、掉落或扎带破损，及时更换链接口或扎带。④因水位涨落或其他原因而导致浮岛搁浅时，应及时将其推入水中复位。⑤台风、大风大雨天气及强泄洪前后2～3天，检查生态浮岛的固定情况，如有脱落及时固定牢固。⑥定期修剪收割植物，宜采用剃头式修剪，采取间断分块收割。根据水草生长和繁衍机理，按照草型和藻型富营养化发生机制决定植物修剪收割时间、面积比例等。

3.2.3　农田排水处理

3.2.3.1　一般要求

农田排水规划应在流域规划、地区水利规划和治理区自然社会经济条件、水土资源利用现状的基础上，查明治理区内的灾害情况和排水不良的原因，根据农业可持续发展、环境保护和洪、旱、涝、渍综合治理的要求，确定排水任务和排水标准，遵照统筹兼顾、蓄排兼施的原则进行总体规划。在按照不同类型治理区的特点进行具体规划时，应符合下列要求：

（1）平原区应充分考虑地形坡向、土壤和水文地质等特点规划排涝和调控地下水水位的排水系统。在涝渍共存地区，可采用沟网、河网和排涝泵站等措施。

（2）沿江滨湖圩垸区应根据自然条件和内、外河水文等情况，采取联圩并垸、修站建闸和挡洪滞涝等工程措施，在确保圩垸区防洪安全的基础上，按照内外水分开，灌排渠沟分设，高低田分排，水旱作物分植等原则，以及有效控制内河水位和地下水位的要求，制定洪、涝、渍兼治的排水规划。

（3）山丘冲垅区应根据山势地形、水土温度、坡面径流和地下径流等情况，采取冲顶建塘、环山撇洪、山脚截流、田间排水和田内泉水导排等措施，同时应与水土保持、山丘区综合开发和治理规划紧密结合。梯田区应视里坎部位的渍害情况，采取适宜的截流排水措施。

（4）对已建灌区内发生次生渍害的地区，应以水量平衡为依据，制定以调控地下水水位为主的排水规划和必要的监测规划。

（5）分蓄（滞）洪区应根据其使用概率、土地利用和耕作计划，以及分蓄（滞）洪后生产恢复等要求，选用适宜的和易于修复的工程措施。

（6）制定农田排水规划时，应对出现超设计标准的降雨提出减灾措施和对策，并进行论证。

3.2.3.2　农田排水生态处理技术

1. 概述

生态排水沟渠是自然的或近自然的输水沟渠，具有一定的坡度和多年生植被。生态排水沟渠的植被起到了过滤带的作用，能有效截留、去除径流水中的污染物质，减少径流集中地区冲积沟的土壤侵蚀，进而减少流失到下游的沉积物的量，改善水质。此外，生态排水沟渠中的植被还可以为小动物和鸟类等提供生境。

2. 设计事项

生态排水沟渠尺寸，按照当地普通农田排水沟渠的尺寸因地制宜地进行设计，沟渠横截面为梯形（图 3.15）。

生态排水沟渠两壁和底部采用分布有 10cm×10cm 方形孔、厚度为 10cm 的 C15 混凝土预制板（图 3.16）。

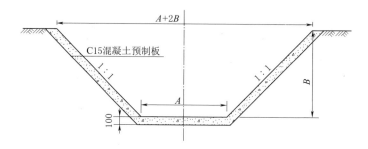

图 3.15　生态排水沟渠横断面示意图

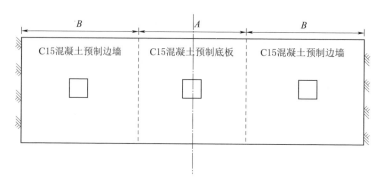

图 3.16　生态排水沟渠俯视示意图

夏季生态排水沟渠的沟底种植当地本土植物，如空心菜、水稻和水芹等，沟壁种植狗牙根和豇豆等。冬季沟底种植水芹，沟壁种植黑麦草等植物。

在生态排水沟渠中设置拦截坝（图 3.17），将沟渠平均分为若干段，拦截坝高为生态排水沟渠深 1/3 左右，其上设置一出水口，位置紧靠沟底，以保证排水时能排空。

需要时可在沟渠中放置过滤箱（图 3.18），过滤箱由圆形带孔箱体、炉渣（基质）和植物组成，其横截面为梯形，尺寸以略小于生态排水沟渠尺寸设计为宜。

3. 运行效果

生态排水沟渠对农田排水中氮磷的高效去除机理主要表现在沟渠植物的吸

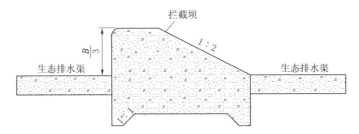

图 3.17　生态排水沟拦截坝示意图

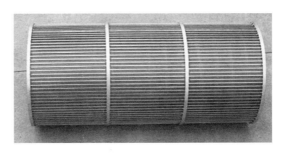

图 3.18　生态排水沟过滤箱示意图

收、过滤箱中的基质吸附和植物吸收、沟渠拦截坝所产生的减缓流速和沉降泥沙等方面。

4. 运行管理

生态排水沟渠是自维持的人工生态系统，本身的维护工作很少，仅需要进行植物收割管理。过滤箱对氮磷的去除主要是通过填料的吸附完成的，而填料的吸附能力有一定的限度，所以为了恢复填料的吸磷功能，在达到饱和吸附后必须进行填料更换。

3.2.4　农村固体废弃物收集与处理

3.2.4.1　分类与处理方式

按产生的来源，农村固体废弃物主要分为农村生活垃圾、农业生产垃圾及乡（镇）工业生产垃圾。按处理与处置方式或资源回收利用的可能性，农村固体废弃物分为两大类，一类是可堆肥的有机垃圾，即生活垃圾中的厨余垃圾及生产垃圾中的畜禽粪便废弃物和农作物秸秆；另一类是不可堆肥的其他垃圾，即包括生活垃圾中的可回收废品、不可回收垃圾和危险废物及生产垃圾中的农用塑料残膜。农村垃圾处理宜选择就地处理（如堆肥还田，填坑垫路，作为饲料、燃料、基料、沼气池原料等），无法处理的统一收集转运并处置。具体处理方式如下：

（1）有机垃圾，如厨余垃圾等，宜就近堆肥，还田。

（2）可回收废品，如纸类、塑料、金属、玻璃、织物等，宜交废品收购站回收。

（3）不可回收垃圾，如砖石、灰渣等，宜就近填坑、垫路等简易填埋，无法就地处理的送至垃圾收集站。

（4）危险废物，如农药包装废弃物、日用小电子产品、废油漆、废灯管、废日用化学品和过期药品等，宜集中收集运送至垃圾收集站。

（5）畜禽粪便废弃物。分散养殖产生的少量畜禽粪便宜堆肥后还田处理，规模养殖场产生的大量畜禽粪便处理应按照《畜禽养殖业污染防治技术规范》（HJ/T 81—2001）、《畜禽养殖业污染治理工程技术规范》（HJ 497—2009）、《畜禽粪便无害化处理技术规范》（NY/T 1168—2006）、《畜禽养殖业污染防治技术政策》（环发〔2010〕151号）等技术规范和政策的有关规定进行合理处置。

（6）农作物秸秆。我国的各类农作物秸秆资源十分丰富，有稻草、玉米秆、豆类和秋杂粮作物秸秆、花生和薯类藤蔓以及甜菜叶等。处理方式：宜堆肥还田或作为饲料、燃料、基料、沼气池原料等。

（7）农用塑料残膜。主要包括农用薄膜、编织袋、农用水利管件、渔业用塑料和农用塑料板（片）材等。它们的树脂品种多为聚乙烯树脂，其次为聚丙烯树脂，还有聚氯乙烯树脂。处理方式：宜集中收集运送至垃圾收集站。

3.2.4.2　垃圾收集系统

将不可就地处理的农村固体废弃物经过垃圾收集系统统一收集后集中处理处置，一般垃圾收集系统由户用垃圾桶、公用垃圾桶、村垃圾收集站、垃圾收集车辆、田间垃圾收集池、垃圾转运集装箱、垃圾转运车等组成。

1. 户用垃圾桶

农村生活垃圾户分类过程中，每户村民配备1个垃圾桶，用于盛放不可就地处理的垃圾，垃圾桶容量以10L为宜。

2. 公用垃圾桶

沿农村主次道路建设半封闭式分类垃圾桶，服务半径应为50～100m，每10～15户设置1个，农民集中居住小区每15～30户设置1个，居住特别分散的个别农户也可根据实际情况按照低于10户的标准设置。垃圾暂存设施设置地点宜在自然村习惯性垃圾堆放点，但不得设在河、塘及主干道两侧。在商店、广场等产生生活垃圾量较大的设施附近应单独设置公用垃圾桶。

3. 村垃圾收集站

村垃圾收集站是村庄生活垃圾集中暂存和统一清运的场所，但不得用于垃圾长期贮存。其服务半径以1.0km左右为宜，原则上每个自然村设置1个，面积较大或道路通达条件不好的行政村也可根据需要设置多个。

4. 垃圾收集车辆

生活垃圾收集车辆可选择加装密闭式车厢、分成两格的人力三轮车，条件较好的农村也可选择小型机动车。用人力收集车收集垃圾的村垃圾收集站，服务半径宜不超过 1.0km；用小型机动车收集垃圾的村垃圾收集站，服务半径宜不超过 3.0km。垃圾收集车应保持车体清洁，垃圾滤液无滴漏。

5. 田间垃圾收集池

在田间地头建设田间垃圾收集池，用于就地收集堆放农作物秸秆、杂草等可堆肥的有机垃圾，以及化肥、农药、除草剂等农业投入品包装袋（瓶）和残膜等不可堆肥的其他垃圾。

6. 垃圾转运集装箱

要求容积为 $5\sim8m^3$，需与垃圾转运车配套使用。

7. 垃圾转运车

用于村垃圾转运时的专用垃圾运输工具，服务运输距离 20km 以内，垃圾转运车的吨位以 5t 左右为宜。

垃圾收集设施设计施工按照《生活垃圾收集站技术规程》（CJJ 179—2012）的有关规定。

3.2.4.3 垃圾收运、处置要求

农村垃圾应定点收集、由村环境保洁人员进行收集、分类，定时清运，保持环境整洁。根据实际情况，垃圾清运时间不得超过 1～2 天。分散农户垃圾与生产垃圾清运时间不得超过 7 天。

清运的垃圾应及时运至垃圾处理处置场所进行集中处理处置。垃圾长途转运过程中应保持封闭或覆盖，避免遗撒。

集中堆肥处理宜采用条形堆肥方式，时间宜不少于 1～3 个月。堆肥场所可选择在田间、地头或草地、林地旁。

单户或联户建造垃圾沤肥池（坑），对可降解的生活垃圾进行沤化处理后，就地还田、还林。

根据实际情况，农作物秸秆有饲料化、基料化、燃料化等多种利用技术。

3.2.4.4 常用处理技术

1. 堆肥技术

（1）密闭式快速堆肥技术。密闭式快速堆肥技术是采用强制通风和机械翻拌的方式控制有氧条件，依靠好氧微生物吸收、氧化、分解作用，将有机物转化为无机物和新细胞物质过程的技术。能耗主要包括用于维持系统自动化控制、粉碎搅拌、风机等设备运转所消耗的电力资源。

垃圾堆肥过程中会产生臭味（包含氨气、氮气、甲烷、二氧化碳等气体），还会产生少量垃圾渗滤液。垃圾堆肥腐熟后，有机质结构、颗粒大小、含水率

等指标更适合农用，可以生产复混有机肥，即将堆肥产品烘干、粉碎后按一定比例与磷酸铵、氯化钾、过磷酸钙等混合造粒后成为优质缓释复合肥。

该技术适用于各种生活有机垃圾、人畜粪便及畜禽养殖废物的大规模堆肥处理，也可对村镇生活污水处理污泥进行堆肥处理。

（2）开放式堆肥技术。利用高温腐熟原理，采用机械或人工方式把堆肥物料堆成长条形或圆形，堆高在 1m 左右，断面面积在 $1m^2$ 左右（根据场地情况确定）；堆肥时间一般在 1～3 个月以上；条垛堆肥场地可选择田间地头或草地、林地旁。

堆肥腐熟程度可以根据其颜色、气味、秸秆硬度、堆肥浸出液、堆肥体积、碳氮比及腐质化系数来判断。腐熟后的堆肥可自然风干 3～4 周后作为有机肥直接利用。

该技术的能耗主要是电耗，用于维持系统自动化控制、风机等设备运转。垃圾堆肥过程中会产生臭味及二氧化碳气体。堆肥产品是肥效较好的优质有机肥，可施于各种土壤和作物。坚持长期施用，不仅能获得高产，对改良土壤，提高地力，都有显著的效果。

该技术适用于村镇集体堆肥、集中处理人畜粪便、生活有机垃圾以及污水处理过程中产生的污泥。

（3）家庭简易堆肥技术。将污泥、格栅截留物、厨余垃圾等废物以简单的堆垛形式进行堆制，在堆制期间进行定期翻垛，使有机废物被细菌、真菌等微生物分解，并最终生成稳定的腐殖质。一家一户的家庭堆肥处理，可在庭院里采用木条、铁丝网等材料围成 $1m^3$ 左右的空间，用于堆放可腐烂的有机垃圾。堆肥围护材料可就地取材（如木条、树木枝丫、砖石、钢筋或其他材料）；堆肥时间一般在 1～3 个月以上。庭院堆肥处理要远离水井并用土覆盖。

简易堆肥应防止雨水淋洗产生的渗滤液污染环境。由于堆肥过程中会有臭味产生，应远离居民居室。与集中、大规模的堆肥系统相比，家庭堆肥具有管理简易、费用低和可实现源头减量化等优点。

该技术适用于所有村镇地区家庭单独堆肥和各种易于腐败的有机废物。

2. 秸秆资源化利用技术

（1）利用秸秆栽培食用菌技术。将秸秆粉碎，按一定比例配合，加入添加剂，经灭菌、接种，可生产平菇、双孢菇、金针菇、草菇、猴头、银耳、灵芝等多种食用菌，一般的生产过程是秸秆处理、选地栽培、发菌培养、出菇管理和采后处理。1kg 秸秆产 1kg 鲜食用菌，生物转化率达 100％ 以上。该技术要求低，能大量处理剩余秸秆。

（2）秸秆饲料化技术。农作物的秸秆如麦秸、玉米秆等，是家畜饲料的重要来源。秸秆饲料化技术主要包括以下几个方面：

1）火碱溶液处理法。火碱又叫苛性钠，每 100kg 秸秆用 4～5kg 火碱，溶解在 80～100kg 的水中，在常温下放置，停 8～10h 即可使用。也可以用火碱溶液将粉碎的秸秆喷洒、湿润，而后拌匀、堆积压制成块状饲料，供长期使用。

2）石灰溶液处理法。每 100kg 铡碎的秸秆用 1～2kg 生石灰，加水 200～300kg，再加入 0.5～1kg 食盐，拌匀后在水泥地面上堆放 24～36h 即可使用。

3）混合液处理法。将完整的秸秆铺放成 15～20cm 厚的一层，喷洒 1.5% 的火碱和同样浓度的生石灰混合液，使秸秆的含水量达到 70% 左右，压实后再一层一层地铺放喷洒，每 100kg 秸秆喷 80kg 混合液，经过 7～10 天堆放即可使用。

4）氨水处理法。先将秸秆铡碎，装进窖内压实。然后按照每 100kg 秸秆浇灌 12kg 25% 浓度的氨水溶液，或 19kg 15% 的氨水溶液，窖内温度不要低于 20℃，密封贮存 5 天后取出晾晒，待氨水气味消失后即可使用。

（3）秸秆生物气化技术。又称秸秆沼气技术，是指以秸秆为原料，经微生物厌氧发酵作用生产可燃气体——沼气的秸秆利用技术。采用该项技术处理秸秆，能生产农村急需的高品质能源，还能生产有机肥料，转化率高，经济效益好。按处理工艺可分为干法和湿法发酵两类，按规模可分为户用和工程化两类。

复合菌剂预处理秸秆工艺技术流程如图 3.19 所示。图中线路 1 和 2 两种预处理工艺的不同之处在于，线路 1 是在池内进行生物预处理，线路 2 是在池外进行生物预处理。其余工艺完全相同，经预处理的秸秆产气效果相当。

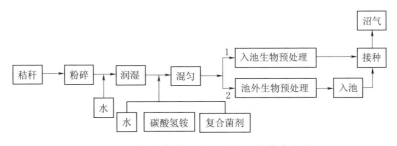

图 3.19　复合菌剂预处理秸秆工艺技术流程

1）粉碎。粉碎机粉碎秸秆（稻草、麦草等），粒度 10mm。

2）温润。粉碎秸秆加水（最好是粪水）润湿，每 100kg 秸秆加水量为 100～120kg。润湿时间为 1 天左右。

3）混合。将润湿好的秸秆加水（最好是粪水），与补充水分后的复合菌剂和碳酸氢铵（简称碳铵）混合。8m³ 沼气池菌剂用量 1kg，碳铵用量 5kg，加水量为 100kg，秸秆补加到 185～200kg（用手捏紧，有少量的水滴下，保证含水率为 65%～70%）。肉眼观察以地面不能有水流出为止。

4）生物预处理。池外预处理时，将拌匀的秸秆收堆，宽度为 1.2～1.5m，高度为 1～1.5m（按季节不同而异）。生物预处理时间夏季 3～4 天，冬季 4～6 天。一般情况下，当堆内温度达到 50℃并维持 3 天、堆内秸秆长有白色菌丝时即入池。池内预处理时，可入无水的沼气池进行生物预处理，生物预处理时适当踏实，池口要覆盖。

5）接种。将生物预处理好的秸秆入池，加入接种物，同时加入碳酸氢铵（无粪便的情况下）。加入接种物的量为料容的 20%～30%，碳酸氢铵量为 8～10kg（有粪便时可不加或少加），加水量为沼气池的常规容量（总固体浓度为 6%～8%）。若采用干发酵工艺，秸秆经生物预处理后不需加水，加接种物即可。

6）启动。密封沼气池池口，然后连续放气 1～3 天。从放气的第二天开始试火，直至能点燃并且火苗稳定即可正常使用。

3.3　水生态修复技术

3.3.1　河湖水系综合整治

3.3.1.1　总体要求

河湖水系的综合整治包括水系连通、清淤疏浚、岸坡整治和水生态修复。通过这些措施确保区域水生态平衡、促进水生态良性循环的能力，实现河畅、水清、岸绿、景美的效果。

3.3.1.2　水系连通

通过工程措施连通水系，使得水流畅通，改善水质和提高防洪排涝能力。要根据水系的自然状况和水资源条件，河道功能定位和水系布局，在有条件的地方连通河道，增强河道之间的水力联系，改善水动力条件。实施的重点和要求是：

（1）对存在水体淤滞、引排水河道卡口段、断头河等问题的河段，应通过拆除堰坝、拓宽河道卡口段、增大过水涵洞、新增引排水河道、沟通断头河等措施，促进水体流动。

（2）对淤塞严重、功能退化的水体，如河道、湖泊、山塘、门塘等，应在不影响当地防洪保安、土地利用的前提下进行疏挖扩容，增加水体容积和水面面积，以增强区域内的水资源调控能力和应对水旱灾害的能力。

（3）水系的连接通道尽量沿原有的河道、沟渠进行布置。如原有连接通道已被其他建筑占用，需要重新开挖渠（沟）进行连通的，应根据区域内的地形地貌、水文条件、产流机制等对其进行平面布置和纵横断面设计，同时应注意水系连接通道与下游河道的平顺衔接。

（4）河湖水系连通工程建设应与当地城市、乡（镇）总体规划、社会主义新农村建设规划、环境整治规划、水资源综合规划、水源工程规划等相衔接。设计方案应综合考虑防洪排涝、灌溉供水、生态环境等方面的要求，以实现水资源可持续利用、人水和谐为目标，着力解决城市或农村水系功能衰减、水体污染、环境恶化等突出问题。通过水系连通工程的建设，增加湖泊、门塘蓄水总量和水面面积，恢复河道行洪断面和过流能力，改善区域水生态环境。

3.3.1.3　清淤疏浚

清淤疏浚主要是对底泥进行处理。按照处理位置的不同，底泥处理技术可分为异位处理和原位处理两种方式。由于原位处理技术受影响因素较多且可能会对水体水质造成影响，因此国内目前对河湖等水系底泥的处理仍以异位处理技术为主。

1. 底泥疏浚

底泥疏浚是异位处理最常用的技术方法，即通过挖除表层受污染底泥，并把污染底泥搬至其他地方实施处理或处置以减少污染物的释放，实现改善水质的功能。

（1）技术类型。按照实施目的不同底泥疏浚可划分为工程疏浚和环保疏浚两大类。

1）工程疏浚技术。工程疏浚主要用于改善河湖水系泄洪能力、增加湖库调蓄能力。实施过程中考虑因素相对单一，疏浚工作相对简单，通常在枯水季节采用干法作业形式，对湖库、河流以及门塘内多余的底泥或淤泥进行清运。而且疏浚后的底泥几乎无污染或含有氮磷营养物质，可直接资源化处理或堆肥后利用即可。

工程疏浚的疏挖深度可深至几十米，疏挖精度在 20～50cm 范围内即可。

该法设计简单、易操作，适合用于农村范围内那些规模较小水系的底泥处理。

2）环保疏浚技术。环保疏浚则主要解决湖库底泥污染的问题，要求精确勘测、薄层疏浚、防止细颗粒扩散以及对疏浚后的底泥进行处理与处置等。一般认为，当底泥中污染物浓度高出本底值 2～3 倍时考虑环保疏浚。适用于湖泊河流水体底泥污染较为严重的水域，如污染河流入湖口、矿山废渣排放区、人工水产养殖区以及其他原因引起的湖泊河流水体底泥污染区等。

环保疏浚通常以带水作业居多，疏浚深度一般小于 1m，即只将表层沉积物移出，实际操作中常用"拐点法"最终确定底泥疏浚厚度。"拐点"是指污染物浓度沿底泥厚度方向上突然降低的点。"拐点"以上的厚度为疏浚厚度。

环保疏浚对疏挖精度也有很高要求，一般控制在 5～10cm。

（2）底泥疏浚步骤。进行河湖等水系底泥疏浚主要包括底泥污染情况前期调查及实验研究、底泥疏浚方案设计、底泥疏浚、疏浚底泥处置 4 大步骤，具体包含以下内容：①现场查看水系周边地形、场地情况等，并分层取底泥样品进行污染物种类、含量、分布的测定分析，确定底泥的污染类型并完成沉积物总量测算；②根据前期调查及实验结果进行底泥疏浚方案设计，包括疏挖时间、设备、方式、深度、堆放场地选择等；③疏浚底泥处置，提出污泥综合利用方案。

总结起来，底泥疏浚包括底泥疏挖、疏挖底泥运输及处理处置三大步骤。环保疏浚操作流程如图 3.20 所示。

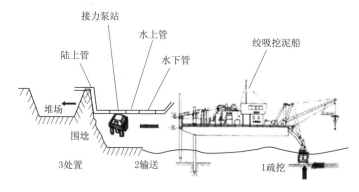

图 3.20　环保疏浚操作流程

（3）疏浚设备选择。干法作业主要使用推土机和运输工具完成底泥疏浚。带水作业的疏浚设备包含专用疏浚设备与常规挖泥船改造两大类。专用设备多为进口产品，开发研制时间长，产品相对成熟，如日产螺旋式挖泥装置和密闭旋转斗轮挖泥设备。

根据底泥类型选用合适的设备。农村水体底泥多属于氮磷污染型，对于这类底泥一般选用环保绞吸挖泥船。对重金属污染的底泥，一般可选用环保绞吸挖泥船，也可选用气力泵和环保抓斗等环保疏浚设备。而有毒有害有机污染底泥，宜选用环保抓斗挖泥船。

（4）疏浚后底泥的处理与处置。疏浚后底泥的处理与处置是底泥处理的关键和重点。考虑到大多水体中底泥的污染性较小，应以工程疏浚后底泥减量化和资源化为主。此外，对于利用之余的污染较小或无污染的底泥可采用传统的填埋处置方法，即运至附近垃圾处理厂或在周边山沟里填埋。

1）减量化技术。减量化技术主要基于降低底泥含水率以减小底泥体积。目前，主要通过自然干化脱水、机械脱水和土工布袋脱水方法完成减量工作。

此外，还可通过投加化学调制剂如 FeCl₃、PAM 等强化减量效果。

自然干化脱水工艺简单、脱水成本低，随着干化时间的增加，底泥含水率可降低至 50% 以下。但此法占地面积较大，脱水所需时间长，还可能会影响周围环境。

机械脱水所需脱水时间短、脱水效果佳、占地面积小。但采用机械脱水法大多需进行底泥前处理且处理成本相对较高。该法主要适用于底泥量较小的情况。常用装置有带式压滤脱水、离心脱水及板框压滤脱水等。带式脱水进泥含水率要求一般为 97.5% 以下，能使底泥含水率降至 80% 以下；离心式脱水进泥含水率要求一般为 95%～99.5%，出泥含水率一般可达 75%～80%；板框压滤脱水的进泥含水率要求一般为 97% 以下，出泥含水率一般可达 65%～75%。此外，污泥脱水新技术高压脱水机，集高压和低压系统为一体，经过多级连续挤压能使污泥含水率降至 30%～50%，进泥含水率要求在 87% 左右。

土工布袋脱水方法具备节省运输成本、耗能小、处理量大等优点，但脱水效果一般。该法可满足疏浚产生大量泥的情形。

2）资源化利用。土地利用：农业灌溉区和生活污水集中排放区的底泥大多属于氮磷营养盐污染型，土地利用是底泥资源化的最佳方式。首先，采用机械或化学方法将底泥进行减量化处理，满足《农用污泥中污染物控制标准》（GB 4284—84）、《土壤环境质量标准》（GB 15618—1995）、《城镇污水处理厂污泥处置　园林绿化用泥质》（GB/T 23486—2009）、《有机肥料》（NY 525—2012）以及卫生学方面如大肠菌群值等相关标准的要求后用于农业园林、湿地及栖息地建设等。用于土地改良的底泥还应符合《城镇污水处理厂污泥处置　土地改良用泥质》（GB/T 24600—2009）的规定。

建筑材料和污水处理填料利用：减量化处理后的污泥若符合国家标准《轻集料及其试验方法　第 1 部分：轻集料》（GB/T 17431.1—2010）的有关规定，则可提供给污水处理相关单位制成轻质陶粒，用于污水中氨氮去除。该方法需要控制底泥含水率在 80% 以下。此外，污泥经前期处理后还可用于瓷砖、水泥熟料及填方材料等。

有氧堆肥：有氧堆肥在农村水系底泥处置中具有较强实用性。经过物化处理后的污泥经自然干化或机械脱水方式使底泥含水率降至 60% 以下，利用好氧微生物进行有氧堆肥。但若底泥中含有病原微生物、重金属等物质时需谨慎。

湿地建设：结合村内场地及景观需求，将底泥铺设作为植物物质和能量来源，选择种植一些适宜生长的亲水植物，建设人工湿地。

3）填埋处置。底泥既不适合土地利用，又不具备建材利用条件，且底泥量小的情况下可采用填埋处置，可直接运至垃圾填埋场，交由垃圾填埋场进行处理；另外，也可根据底泥含水率及污染类型选用专门的填埋场或经允许后就近填埋于山林沟壑等。该技术投资小、容量大、操作简便，但需占用较大场地和耗用大量运输成本。填埋处理操作必须做好地基防渗工作，防止二次污染。

（5）余水处理。"余水"，是指疏挖底泥经过自然沉降后从堆场溢流排放的多余水。余水处理也是底泥疏浚的重要项目之一，主要处理的污染物包括底泥中的悬浮物以及受金属污染底泥中的溶解态重金属。

余水通常采用过滤、离心、絮凝沉淀等方法进行处理。其中，在堆场溢流口投放絮凝药剂技术应用最为广泛，该法具备诸多优点，如见效快、无需动力、操作弹性大、对水质水量变化的适应性强、药剂供应方便、设施简便且成本低等。

（6）底泥疏浚技术的优缺点。底泥疏浚具有见效快、效果好，可操作性强，工程实践经验丰富等显著优点，是目前应用最为广泛的综合处理技术。但也存在一些不足，如底泥含水率高而导致运输困难、工程量大、成本高，效果难以持久、对生态系统会造成一定的破坏，实施不当可能导致工程失败等。因此，在可能的情况下，能实现一体化处理即底泥开挖、疏浚底泥处理就在水体附近，保障处理后干净水能回排，既节省了成本也保障水资源不浪费等。

2. 底泥覆盖

底泥覆盖技术属于原位处理方法之一，是指在污染底泥上放置一层或多层覆盖物，使其与水体隔开，防止底泥释放的污染物进入水体。该技术对 PTS 污染底泥的处理效果较好。

（1）覆盖材料种类及效果比较。传统的覆盖材料一般采用未污染的底泥、砂子、砾石、灰渣、水泥等。后续的研究发现，方解石、斜发沸石、硝酸钙等也可以作为覆盖材料处理底泥。经过专门的实验比较发现，不同覆盖材料对氨氮、总氮、总磷等化合物的去除控制效果如下：

对底泥总磷释放的控制效果依次为：塑料包被＞硝酸钙＞斜发沸石＞方解石＞石英砂。

对底泥总氮释放的控制效果依次为：斜发沸石＞塑料包被＞方解石＞石英砂＞硝酸钙。

对底泥硝态氮释放的控制效果依次为：塑料包被＞斜发沸石＞方解石＞石英砂＞硝酸钙。

对底泥铵态氮释放的控制效果依次为：硝酸钙＞石英砂＞斜发沸石＞方解石＞塑料包被。

（2）覆盖材料选取。对于含氮磷型营养污染底泥，可根据最主要营养物质的种类，单独或联合使用河砂、方解石、斜发沸石、硝酸钙、红壤等作为覆盖材料。

对于以重金属污染为主的底泥，优先考虑天然沸石作为覆盖材料，并且尽可能选用粒径较小者以增强覆盖效果。

硝酸钙材料则可去除底泥中一些有机污染物，是有机型污染底泥覆盖的可选材料之一。

（3）底泥覆盖实施。根据水体的污染类型，有针对性地选取覆盖材料。然后结合水体边界及地形情况，划分施工区域及各区的覆盖厚度。最后通过驳船散布、水力喷射、管道输送或直接采用机械装置施放沙子、砾石等覆盖材料。对于营养性污染底泥，细沙的覆盖厚度一般为5～20cm，而PAHs、PCBs等有机性污染底泥，覆盖厚度相对营养性底泥更厚，实例显示最厚达到6.1m。

（4）底泥覆盖技术优缺点。底泥覆盖技术具有工程造价低、扰动小、水质改善作用明显等优势，适用于营养盐、重金属、POPS等多种类型底泥的处理，但不能根本降解或去除污染物。缺点是工程量大，耗费原材料多，因而不适于大规模底泥处理的应用；还导致水体容积减少，易受强水流或风浪等侵蚀。该方法用于河流、湖泊和港口时需综合考虑。

3. 植物修复

许多沉水植物（金鱼藻、苦草、黑藻等）和挺水植物（荷花、鸢尾、美人蕉、泽泻等）能大量吸收底泥中的氮、磷等物质，部分植物还能富集重金属或吸收降解某些有机物。因此，可在疏浚后的底泥堆放场或浅水区选择种植适宜当地生长的植物，同时满足污染物去除控制和景观的功能要求。但植物修复也存在生长周期较长，需定时收割等缺点。

3.3.1.4 生态岸坡整治

主要采用生态护岸技术，可根据护岸的多种功能要求，对护岸的不同部位，如护坡、护脚和护顶分别建成不同的结构、形状、护砌材质的组合。生态护岸的种类繁多，主要有下面几类。

1. 石材护岸

天然石材是大自然中存在最多的硬质材料，在护岸保护的材料中具有来源广泛、成本低廉、抗冲刷能力强和经久耐用的优点。此外，石材粗糙的表面还可为微生物提供附着场所，石块与石块之间的缝隙也可成为鱼虾、水生植物和微生物的生存空间。常用的石材护岸有抛石护岸（图3.21）、干砌块石护坡（图3.22）、干砌卵石护岸（图3.23）等三种。

图3.21 抛石护岸

图 3.22　干砌块石护坡

图 3.23　干砌卵石护岸

2. 石基混合护岸

石基混合护岸分为以下两种。

（1）用于低水位护岸。从生态角度出发，以修复水陆交错带的生物多样性为目的，坡底用天然石块垒砌成平面，既加固了护岸，又可为水生生物提供栖息地；同时，坡面采用木桩等各种框架结构加以牢固，在上面并覆盖植被网，种植草皮。这类护坡具有良好的稳定性、耐冲刷、景观性较强的特点。

（2）用于较高水位护岸。对护岸强度要求较高的护岸，坡底也是采用天然石块材或者切割石材垒砌，确保护坡的稳定和安全性。上部用框架和木桩护面，框架内嵌有砾石或卵石，利用砾石或卵石间的缝隙种植护坡植物。河堤坡面上部同样是种植景观草皮，强化了景观主体性，融亲水性和净化功能为一体。

3. 石笼护岸

石笼护岸是用镀锌铁丝网或喷塑铁丝网笼（使用时间更长）、竹笼装碎石或大块石头，逐步垒成台阶状护岸或砌成挡土墙，其表面可覆盖土层，种植植物（图 3.24）。石笼护岸一般用于流速较大的河道断面，优点是抗冲刷能力强、整体性好、应用灵活、能随地基变形而变化。

当现场石块尺寸较小、抛投后可能被水冲走时，可采用抛石笼的方法。用预先编织、扎结成的铅丝网、钢筋网，在现场充填石料后抛投入水。石笼抛投防护的范围等要求，与抛石护脚相同。石笼体积一般为 $1.0 \sim 2.5 \text{ m}^3$，具体大小应视现场抛投手段和能力而定。石笼的缺点与块石基本相同。

4. 木料护岸

一般采用砍伐的木材和废弃木材为主要材料，木材可以根据实际需要制成各种形状，再与石材搭配混合，以增强岸坡的稳定性和坚固性。木料在水位上下波动的位置容易腐烂，设计时应考虑更换方便、及时，水下部分事先要经过防腐处理，能维持 10 年或更长时间不腐烂。木材粗糙的表面附着大量的微生

图 3.24　石笼护岸

物，可以起到净化水质的作用。此类护岸一般用于农村或部分有自然景观要求的地方。因护岸需耗费大量木材，实际使用时尽量用废弃木材。

（1）栅栏护岸。先在坡脚处打入一根根木桩，加固坡脚，然后在木桩横向上拦上木材或已扎成捆的木质材料（如荆棘柴捆等），做成栅状围栏，围栏可根据景观要求做成各种形状；围栏以后，再堆积石料或回填土料。

栅栏与石料或回填土料的搭配使用可进一步加固坡脚，同时也为微生物和水生植物提供了适宜的生存条件。围栏以上的坡面要种植草坪植物，配上木质台阶，在保证安全、稳定的同时，体现生态性、景观性与亲水性。栅栏护岸的实际效果如图 3.25 所示。

图 3.25　栅栏护岸的实际效果图

（2）柴草（桩柳）防护。在受风浪冲击的堤坡水面以下打一排签桩，把柳、芦、秸料等梢料分层铺在堤坡与签桩之间，直到高出水面 1m，以石块或土袋压在梢料上面,防止漂浮。当水位上涨,一级不够时,可同法做二级或多级。柴枕和柴排是传统的护岸形式,造价低,可就近取材,各地都有许多经验,但因施工技术复杂,护脚工程中已较少使用。特别因其与老的护脚工程不能均匀连接以保护坡脚和床面,故一般不用于加固。

利用柴枕和柴排对崩岸除险加固,有以下事项需特别注意:柴枕、柴排的上端应在常年枯水位以下 1m 处,以防枕、排外露而腐烂。柴枕、柴排要与上部护坡妥善连接,一般应加抛护坡石,外脚需加抛压脚大石块或石笼。岸坡较陡,不宜采用柴排,因陡岸易造成排体下滑,起不到护脚作用;一般其岸坡应不陡于 1:2.5,排体的下部边缘应达到使排体下沉至估算最大冲刷深度后仍能保持缓于 1:2.5 的坡度。柴枕、柴排的体形规格、抛护厚度和面积等,可按有关规范规定执行。

(3)松木桩+堆石固脚护岸(图3.26)。该护坡在护脚采用双排松木原木进行加工,松木高出正常蓄水位30cm。在正常蓄水位以上,抛填块石。该类型护岸适应于水位较浅、流速较慢的区域。

图3.26 松木桩+堆石固脚护岸效果图

(4)木栅栏砾石笼生态护岸。针对流域、区域河网区中对河道挡土功能要求高、土地资源比较紧张的地区或两岸紧靠房屋的河段,可采用木栅栏砾石笼生态护岸,以避免钢筋混凝土护岸的不足。木栅栏砾石笼生态护岸可以在稳固河岸、节省用地的同时,创造出适宜于水生生物生长的栖息环境。

(5)活木条框。活木条框法即是以活木条组成框架的防护形式,常用于较陡的岸坡面,方法是将木条框放在坡面上,用水力冲填覆土。框架必须坚固以防弯曲,并需要大量活枝条以供补强,顶层种植快速生长的草皮。活枝框可避免冲蚀及增加边坡稳定,构筑后可立即产生效果,植物根系发育后更增加强度,可取代木框功能。

（6）活拦栅墙是由圆木连锁组成的中空构体，中空部分由回填材料和伸出边坡的活切枝组成，这些活切枝的端部在拦栅墙内，当活切枝成活后，根系和植被代替木栅的功能。活拦栅墙在用于非稳定河岸防护的同时可为鱼类提供极佳的活动空间，如图 3.27 所示。

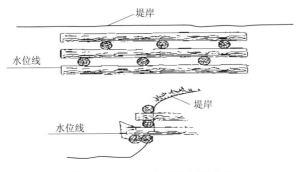

图 3.27　由圆木组成的河岸拦栅

5. 草皮护岸

（1）自然草皮护坡。草是生态型护岸工程技术中最常见运用的材料，草皮护坡是直接在边坡绿化，或是以草为主体，兼用土工织物加固形成护坡。适用于圩区和不通航的河道，坡度为 1：5～1：20 的缓坡。

草坪可增加坡面覆盖度，通过其茎叶可拦蓄地表径流和减少地面径流，延缓地面径流汇入江河时间，减少地面径流污染；坡面草坪可通过其强大的、错综复杂的根系固定坡面土壤，减少降水对坡面的侵蚀，防止水土流失；大面积草坪植物还可涵养水分，起到调节小气候、改善周围生态环境的作用。自然草皮护坡实际效果如图 3.28 所示。

图 3.28　自然草皮护坡实际效果图

（2）草坪砖护坡。多用于广场、行道等大面积的地方。其砖体色彩简单，砖面体积小，多采用凹凸面的形式。具有防滑、耐磨、修补方便的特点。草坪

图 3.29 草坪砖护岸效果图

砖同样可以应用在坡比不陡于 1∶1.2 的岸坡护岸中，由于其中间有较大空隙，因而可以保证原生植被的顺利生长，兼有水土保持和环保的效果。草坪砖护岸效果如图 3.29 所示。

草坪砖护坡植物种植方式包括人工种植法或移栽法、水力喷射播种法、草皮块移植法和草皮卷移植法。施工方法简要介绍如下。

1) 人工种植法或移栽法是将草种或草皮人工种植在护岸的坡面上，移植法是将草种或草皮移植在护岸的坡面上。但在高陡边坡上进行种植或插播，施工难度比较大、工期会很长，在施工过程中容易造成表土养分丢失下滑，草种变化移位，直接导致护坡草的均匀密度。其最大的优点是工程造价低。

2) 水力喷射播种法是以水为载体，将经过技术处理的植物种子和黏合剂、保水剂、复合肥、土壤亲合改良剂等植物生长的辅助材料按一定比例混合后，再利用喷播机喷洒到坡面上。植物种子在辅助材料的养护条件下，迅速发芽生长，形成生态植被绿化。这种种植技术能克服土壤环境差、气候条件恶劣等不利因素，在较短的时间内构建出护坡植被。

3) 草皮块移植法适用于流速较小的河渠坡岸。在低水季节，将培育好的天然草皮切割成数十厘米（如 40cm×40cm）的方块，在保持草皮湿润的条件下，用竹签或树枝等物将方块型草皮固定在预先铺洒的壤土上，再予以滚压夯实，草皮成活后不断进行养护。

4) 草皮卷移植法是利用一种特制的塑料网（植被网），预先在选好的育苗基地培育草苗，当草苗生长到一定高度和密度时，且草根与植被网已经缠结在一起形成草皮卷后，再移植到河堤的坡面上，即形成植物护坡层。此法同时具备了土工网和植物护坡的优点，又防止草皮在幼苗时被水流冲走。通过植被网和植物形成一个防护有机整体，并通过植物的生长发育活动达到根系加筋、茎叶防冲蚀的目的。在防止坡面雨水侵蚀和风浪淘刷方面，具有更强和更好的防护作用，适宜在冲蚀严重的坡段护坡种植。

6. 新材料护岸

目前多采用水生植物或湿生植物与其他护岸材料（如石笼、块石、短木桩排、编织袋和生态混凝土材料等）配合使用的复合型护岸结构，以达到更佳的护岸实际效果。常用类型有以下几种。

(1) 植物纤维网护岸（图 3.30）。植物纤维网是一种粗糙度较大的网格状结构体系，能将坡面径流变为漫流，降低雨水冲刷流速，减少坡面冲刷和水土流失；植物纤维网同时具有较低的伸长率和高抗拉强度，可减少边坡修正工作量；3～5年后纤维网自然生物降解成为有机土壤，非常环保。具有价格低廉、养护成本低、治理效果好的特点，适用于各类路堤、河堤、溪岸、填方等防护及绿化。

（2）植物纤维毯护岸（图3.31）。植物纤维毯由天然植物纤维通过冲压加工做成，它能固土形成供植物生长的基带，其面层和底层以网状材料联结，呈多层毯状结构；利于故土绿化，2～3年后植物纤维可自然生物降解变成植物肥料，无任何污染物。该护坡一般在常水位以上部位，最陡边坡可做到1：1。

图3.30　植物纤维网护岸效果图

图3.31　植物纤维毯护岸效果图

（3）三维植被网护岸。三维植被网护岸是指利用活性植物并结合土工合成材料等工程材料，在坡面构建一个具有自身生长能力的防护系统，通过植物的生长对边坡进行加固的一门新技术。根据边坡地形地貌、土质和区域气候特点，在边坡表面覆盖一层土工合成材料并按一定的组合与间距种植多种植物。

通过植物的生长活动达到根系加筋、茎叶防冲蚀的目的，经过生态护坡技术处理，可在坡面形成茂密的植被覆盖，在表土层形成盘根错节的根系，有效抑制暴雨径流对边坡的侵蚀，增加土体的抗剪强度，减小孔隙水压力和土体自重力，从而大幅度提高边坡的稳定性和抗冲刷能力。

三维植被网护岸效果如图3.32所示。

（4）生态袋护岸（图3.33）。生态袋护岸是近年来最热门的生态护坡结构形式之一。由生态袋和联结扣依照一定的地形坡比垒砌而成，生态袋内填充砂、土、有机肥料、种子等，草本可穿透袋体长出，其根也能穿透袋体而入土，可进行草灌乔立体绿化，原有乔木（围坑）可保存。

图3.32　三维植被网护岸效果图

图 3.33 生态袋护岸效果图

生态袋护岸为柔性结构，适用软基基础，水下和涨落带部位也适用，具有透水功能，有利于减少墙后静水压力，有利于结构稳定；抗冲刷速度可达 4m/s，适合坡比最陡为 1：0.75；可就近利用现场的土料，环保，施工快速简便。

（5）生态混凝土护坡（图 3.34）。通过专有添加剂、水泥等黏合剂将粒径 3～10cm 的石块、卵石或建筑废弃物等骨料黏合，使得骨料层具有 30％±5％孔隙率，孔隙内填充富含生物活性菌群、壤土、保水材料和植物种子等基材的生物基质，使得植被在大骨料层得以生长，从而恢复工程区域植被生态。根据具体需求还可在骨料层表面喷射薄层细骨料基质，恢复植被生态。

图 3.34 生态混凝土护坡效果图

优点是抗压强度高，满足工程安全性的需要；植被生长状况良好、生态效应持续时间长。基质层富含活性菌群，既能分解转化各种污染物、有机物产生植物生长所需养分，又避免使用长效缓释化肥导致水体二次污染，利于环保又满足生态和景观需求；整体稳定性好；施工简单、质量上乘、价格低廉。

7. 综合型生态护岸

以往长期使用的自然材料或其他材料的护岸中，也不全是单一材料型护岸，相当多也是综合型、复合型的。以下是几种常用的综合型、复合型护岸。

（1）亲水景观型护岸（图 3.35）。具有景观、旅游、观赏和亲水、休闲、健身等功能的综合型护岸。设计时多采用缓坡或台阶式、台阶和平台结合式，使用材料也多以天然或造景材料，如木、石、植物和自然材料等为主，有时也使用一些人工材料作为辅助材料。

图 3.35　亲水景观型护岸实例

亲水景观型护岸充分利用水边区域空间，结合各类人群的喜好，突出了景观的连续性与地域性，体现生态型护岸的景观性的同时也为居民提供休闲娱乐的场地，使人们与水、植物、动物充分接触。

（2）坡面构造潜流湿地护岸。坡面构造潜流湿地系统，需要在坡顶设置截水横沟，岸坡上叠堆复合基质滤床，基质材料为蛭石、砾石、粉煤、泥炭等。在坡顶横沟处放置渗滤坝，在坡脚铺设多孔水泥板。横沟与渗滤坝之间铺设多孔弹性材料制成的可再生滤垫，沿岸坡水中或水位变幅部分种植沉水植物带和水生植物带。

面源污染物质流向河道时，以潜流的形式依次由横沟、滤垫、渗滤坝、滤床、多孔水泥板向河道内渗流。在此过程中，填料基质和水生植物将发挥净化作用，截留进入河道水体的污染物质。坡面构造表面流湿地系统，以表面流的形式，主要通过水生植物及其根系系统截留面源污染物质。

湿地护岸效果如图 3.36 所示。

图 3.36　湿地护岸效果

（3）滨水带生态混凝土净化槽护岸。该护岸通过沿河流滨水带设置生态混凝土槽，将挺水植物限制在槽内生长，形成河流滨水带水生植物湿地净化系统。首先在坡脚打桩，上铺土工布，土工布上有碎石垫层，垫层上设置槽，然后在槽内回填土壤、砂石等填料，种植植物。

滨水带生态混凝土净化槽能够起到挡土、稳固河岸的作用；植物根系对氧的汇聚、传递、释放，使其周边微环境中依次出现好氧、缺氧和厌氧现象，保证了污水中的氮、磷、钾不仅能被植物及微生物作为营养成分直接吸收，而且还可以通过硝化、反硝化作用及微生物对磷的降解作用从径流中去除，达到截留净化污染物的效果；滨水带生态混凝土护岸，选择种植的芦苇、茭白、金蒲等水生植物，形成的绿色植物景观带具有一定美观效果。

（4）景观型多级阶梯式人工湿地护坡。景观型多级阶梯式人工湿地护坡是以无砂混凝土的槽或桩板为主要元件，在岸坡上分批逐级设置而成的护岸形式。通过在桩板与岸坡之夹隔或无砂混凝土内填充土壤、黄砂或砾石，并从低到高依次种植水生植物和灌木丛，形成岸边多级人工湿地系统。该系统的特点是能够稳定河岸，有较好的透水性能。雨水进入河道边坡后，以下渗和溢流两种方式，经过系统的逐级处理后流入河道。

砾石、黄砂以及土壤等填充料和植物根系表面生长了大量微生物而形成的生物膜，当降雨径流中的固体悬浮物被填料、土壤及植物根系截留阻挡，有机污染物通过生物膜的吸附及同化、异化作用而得以扫除。植物根系对氧的汇聚、传递、释放，使其周边微环境中依次出现好氧、缺氧和厌氧现象及交替环境，从而保证了径流水中的氮、磷、钾能被植物及微生物直接吸收，同时还可以通过硝化、反硝化作用及微生物对磷的降解作用从径流中移除，达到截留污染物进入河道的效果，对河道水体具有一定净化功能。

每年需收割植物，即把植物从河道移出，同时将系统中吸收的污染物清除掉。种植的芦苇、菖蒲和灌木等植物，也美化了河道岸坡，层层绿色、风景喜人。

3.3.2 水生态修复

3.3.2.1 曝气充氧技术

水体曝气充氧技术是根据受污染水体缺氧的特点，利用自然跌水或人工曝气对水体复氧，促进上下层水体的混合，保持水体好氧状态，以提高水中的溶解氧含量，加速水体复氧过程，抑制底泥氮、磷的释放，防止或改善水体黑臭现象，恢复和增强水体中好氧微生物活性，净化水体中的污染物，从而达到修复水生态环境的目的。

曝气充氧技术分为自然曝气充氧和人工曝气充氧两大类。自然曝气充氧是指利用河道或沟渠自然落差或因地制宜地构建落差工程来实现跌水充氧，或利用水利工程提高流速来实现增氧；人工曝气充氧是指利用机械设备，向处于缺氧状态的水体里充入空气或纯氧，加速水体复氧过程，恢复和增强水体中好氧微生物活性，从而达到净化水质、改善或恢复河道生态环境的目的。

1. 技术特点

（1）优点：操作简单、适应性广、机动灵活、安全可靠、投资小、见效快、对水生生态不产生二次污染等优点。

（2）缺点：个别技术噪声较大，有泡沫产生，对水体污染物去除效果有限。

（3）适用范围：适合于景观河道和缺氧污染等水体的治理。

2. 设计要求

（1）水体需氧量计算。水体需氧量主要由水体类型、目前水质状况以及水生态修复预期目标等因素决定，计算方法主要有组合推流式反应器模型、箱式模型和耗氧特性曲线法。

（2）曝气设备充氧量以及设备容量的确定。机械曝气设备的主要技术参数是指充氧动力效率［以 kg O$_2$/(kW·h) 计］，根据校正计算得到的氧转移速率与设备的动力效率来确定设备的总功率和数量；鼓风曝气设备的设备容量可参考污水处理工程设计手册中的相关内容进行计算。

（3）曝气设备的选型。根据需要曝气水体的水质改善目标要求（如消除黑臭、改善水质、恢复生态环境）、河道或门塘水体条件（包括水深、流速、断面形状、周边环境等）、水体功能要求（如生态补水功能、景观功能等）、污染源特征（如长期污染负荷、冲击污染负荷等）的差异，一般采用固定式充氧站（图 3.37）和移动充氧平台两种形式。

图 3.37　固定式充氧站

固定式充氧站主要分为鼓风曝气、纯氧曝气和机械曝气 3 种形式。当水深较深，需要长期曝气复氧，且曝气水体具有生态补水功能或景观功能要求时，一般宜采用鼓风曝气或纯氧曝气的形式，即在岸边设置一个固定的鼓风机房或液氧站，通过管道将空气或氧气通入设置在水底的曝气扩散系统，达到增加水中溶解氧的目的。而当水深较浅，无景观等特殊功能要求，针对短时间的冲击污染负荷时，一般采用机械曝气的形式，即将机械曝气设备（多为浮桶式结构）直接固定安装在河道中对水体进行曝气，以增加水体中的溶解氧。

移动式充氧平台是在不影响航运功能的基础上，在需要曝气的水体中设置可以自由移动的曝气增氧设施，主要对水体局部的突发性污染在较短的时间内进行人工干预。目前曝气船是使用较多的移动式充氧平台设施。

此外，曝气设备的选择还需要考虑如何消除曝气产生的泡沫及噪声、尽可能降低对周边居民生活及生态环境的影响。

3. 维护管理

根据水体污染现状，分阶段制定水体改善目标，根据每一阶段的水质目标确定所需的曝气设备的容量。同时应充分考虑河流曝气增氧-复氧成本，结合太阳能曝气治理技术，加速氧气的传输过程，增加水中溶氧量，从而保证水生生物生命活动及微生物氧化分解有机物所需的氧量，实现水体的生态修复，并达到节能和减排的目的。

在具有落差条件的河道或沟渠中，利用人工曝气充氧的同时，应充分利用地形条件，适当建设自然曝气设施，如跌水平台等，利用自然曝气和人工曝气组合形式，可节省人力物力资源。

3.3.2.2 砾石床技术

砾石床是采用人工湿地的原理，用砾石在河道中适当位置人工垒筑床体，抬高上游水位，通过控制上下游水位差调节床体的过水流量。在床体上种植高效脱氮除磷植物，通过植物的根系及砾石吸附、微生物作用去除河流中的营养物质。

1. 技术特点

砾石床具有以下特点：①无需动力提升，节省了提升系统的投资，还可以抬升河道水位，使得后续的处理单元处于自流状态，保证了整个系统的连续运行，减少能耗，特别适合平原河网地区无动力河道生态修复工程；②砾石床的可控渗流是根据当地的气象水文资料进行设计，渗流的周期与降雨的规律相吻合，自动完成干湿周期，可以连续运行，无需人工湿地的复氧过程，降低了后期运行的管理难度，节省了管理费用；③砾石床筑坝材料的渗透系数一般都比人工湿地大，所以径流在床体内的流动通畅，可以充分地与植物根系接触，使得水力特性得到改善，同时也大大降低了堵塞的风险，通过反冲洗等处理措施，可以保证连续运行。

适用范围：适用于农村污染河道的水质净化及农村低污染水的处理。

2. 设计要求及技术参数

（1）砾石床的设计包括可控渗流和净化效果两部分。可控渗流主要涉及透水坝的渗流计算、坝体结构、渗透系数等；净化效果主要涉及径流在透水坝中的停留时间、筑坝材料、植物等。

（2）应用渗流力学中的渗流方程和达西定律，结合砾石床的水流方式，通过模型计算（表面流和潜流可以用矩形模型和梯形模型来计算，垂直流用垂直流模型来计算），对砾石床的几何尺寸、渗流量、停留时间等参数进行设计，并确定砾石的级配和床体结构、植物的种类等。

（3）考虑到与砾石床的基建成本，构筑材料可以选用石灰石和鹅卵石等天然石块，推荐粒径为 10～20cm。不推荐使用沸石（价格昂贵），也不推荐使用煤渣（质轻、涵水性能差）。石灰石和鹅卵石等天然石块有以下几个特点：①取之于自然，具有生态技术的意义；②硬度合适；③具有足够的表面积，处理效率高；④沉淀的污泥不易压密；⑤孔隙率可达到 40％以上。

（4）砾石床的植物应选用根系发达、株秆粗壮、枝叶茂盛的种类。推荐使用美人蕉、香蒲、香根草、菖蒲、再力花、芦苇等。

（5）砾石床建设过程中要注意：①适宜砾石床种植植物的选择和栽培；②床体内高效脱氮除磷菌的筛选和培育；③堵塞问题；④砾石床渗流模型的建立以及设计流程、设计规范的建立。

砾石床技术效果如图 3.38 所示。

图 3.38　砾石床技术效果图

（6）砾石床的技术参数见表 3.6。

表 3.6　　　　　　　　　　　砾石床的技术参数表

名　称	砾　石　床		
	COD_{Mn}	TN	TP
进水浓度/（mg/L）	5～15	1～4	0.05～0.20

续表

名　称	砾 石 床		
	COD_{Mn}	TN	TP
去除率/%	5～10(5)	10～50(20)	20～40(30)
停留时间/h	2～5		
水力负荷/[m³/(m²·d)]	0.50～5.50		
植物密度/(株/m²)	50～100		
单位面积脱氮量/[kg/(m²·a)]	0.3～1.2		
单位面积除磷量/[kg/(m²·a)]	0.02～0.08		

注　括号内数值为推荐的设计去除率。

3. 维护管理

植物根系生长、砾石表面生物膜生长以及泥沙沉降容易导致砾石床发生堵塞，可采取预防性措施和堵塞治理技术进行缓解。

(1) 预防性措施：①合适的基质粒径和级配；②植物选择和管理，可考虑选用根区复氧能力强、分泌难降解物质较少的先锋植物；③在运行过程中，对砾石床体上的植物进行维护和收割，清除砾石床表面植物残体等。

(2) 堵塞治理技术：①更换砾石床填料，运行期间，定期更换系统特别是表层填料，可以防止表层堵塞，保证砾石床的稳定运行。②停床休作与轮作，一方面可以加快砾石床复氧，提高好氧微生物的活性，加速降解基质中沉积的有机物；另一方面，系统停止进水后，切断了微生物新陈代谢的营养物补给，可抑制微生物生长，恢复湿地通透性。③投加蚯蚓等微型动物，利用微型动物的吞食作用起到通透基质和消化污泥的目的。④施用化学药剂，利用化学清洗原理溶解或除掉有机堵塞物，改善堵塞状况。⑤设置复氧通气管、干湿交替工作联合运行来改善砾石床的供氧条件。⑥砾石床填料反冲洗。

3.3.2.3　前置库技术

前置库技术是指在受保护的水体上游河道或沟渠，利用天然或人工库塘拦截暴雨径流，通过物理、化学以及生物过程使径流中的污染物得以去除的技术。

在面源污染控制中，前置库技术可以充分利用当地特有的地形特点，有效地解决暴雨初期面源污染突发问题，对减少外源有机污染负荷，特别是去除地表径流中的氮、磷安全有效，具有建设费用低、运行管理简便，适用范围广等优点，是目前河道面源污染防治的有效措施之一。

1. 设计要求

(1) 选址要求。因地制宜，选择适宜区域，如沟渠、小河、门塘或低洼地等进行改造；在汇水区域，径流易于收集，并且距离入湖河流、入湖河口较近，排水便利；所涉及的河网水系流向相对清晰。

（2）规模设计。根据汇水量的计算设计前置库的库容和库区面积。

（3）结构设计。一般的前置库通常由三部分构成，即拦截沉降系统、强化净化系统和导流回用系统。

拦截沉降系统：利用村庄门塘，加以适当改造，在引入全部或部分地表径流的同时，通过泥沙及污染物颗粒的自然沉淀，结合系统内的水生植物有效吸收去除底部沉淀物中的营养物质，从而达到初步净化水体水质的效果。

强化净化系统：通过砾石床过滤、植物滤床、深水区强化净化、人工湿地等系统进一步沉降粒径较小的泥沙、氮磷污染物。

导流回用系统：通过设置控制闸门，防止连续降雨或暴雨期间导致库区溢流，超过暴雨强度设计的径流通过导流系统流出，从而不会影响水体净化处理效果，最大限度去除截留的面源污染物，同时处理后的尾水可回用。

2. 维护管理

（1）定期清淤：前置库工程的沉降系统淤积较为严重，需要定期进行清淤，清淤频度为两年1次。其他净化区清淤视实际淤积情况而定，一般3～5年清淤1次。

（2）库区水生生态系统维护：对水生植物和鱼、螺类以及蚌等水生动物进行定期维护。主要工作为及时收集和清理水生植物和动物残体，保持前置库良好的水环境和自然景观。

（3）绿化景观的维护：为景观设计和绿化改造而种植的草坪和花草树木，每月需要定期进行维护。

3.3.2.4　生物膜技术

1. 一般生物膜技术

（1）技术特点。结合河道污染特点及土著微生物类型和生长特点，创造适宜的环境条件，使微生物固定生长或附着于固体填料载体的表面，形成胶质相连的生物膜。通过水的流动和空气的搅动，生物膜表面不断与水体接触，从而达到水体净化的目的。

优点：对水量、水质的变化有较强的适应性；固体介质有利于微生物形成稳定的生态体系，处理效率高；对河道影响小。

缺点：滤料表面积小，BOD容积负荷小；附着于固体表面的微生物量较难控制，操作灵活性较差。

当前，国内用于净化河道的生物膜技术主要有弹性立体填料-微孔曝气富氧生物接触氧化法、生物活性炭填充柱净化法、悬浮填料移动床、强化生物接触氧化等技术。

（2）设计要求。水体污染物的类型、浓度、存在形式等都是影响微生物降解性能的重要因素。不同微生物对污染物降解具有选择性，例如自然界中存在的绝大多数有机污染物都可以被微生物降解利用，而大部分人工合成的大分子有机污染物很难被微生物降解；而重金属化学形态对微生物的转化和固定影响较大。

在生物膜法中，填料作为微生物栖息场所，是影响污水处理效果的关键因素之一。生物填料的选择依据是：附着力强、水力学特性好、成本低等。理想的填料应该是具有多孔及尽量大的比表面积并具有一定的亲疏水平衡值。生物膜技术效果如图 3.39 所示。

图 3.39 生物膜技术效果图

（3）维护管理。①河道水体需保持好氧状态（可以结合曝气充氧技术），为异养菌及硝化菌等微生物生长繁殖提供好氧环境；②水体应充分混合，持续不断地为微生物生长提供所需的基质（有机物），曝气充氧既可以提高水体溶解氧水平，也可推动水流，使污染物与膜上微生物充分接触；③水体对生物膜要有适当的冲刷强度，但不宜过大或过小，既利于微生物挂膜，又可保证生物膜的不断更新以保持其生物活性；④在河道中创造出适宜的生长环境，并进行诱导、激活、培养，使降解效率高的土著微生物成为优势菌种，高效降解污染物。

2. 碳素纤维生态草

（1）技术特点。碳素纤维（Carbon Fiber，CF）是一种碳含量超过 90% 的无机高分子纤维，经过表面处理后具有高吸附性、生物亲和性、良好的工程韧性与强度，对微生物有高效的富集、激活作用，并为多种水生生物构建生态卵床提供场所，改善和恢复水生态环境。

优点：①改善水生境，恢复水体自然健康环境，无二次污染；②微生物黏合量多、速度快且不易剥离，微生物活性高；③在水中分散性强，传质效果好，能促进污浊物质的吸附、分解、释放，脱氮除磷效果显著；④原位修复，与浮岛技术结合，具有生态修复与景观的双重效果；⑤对蓝藻暴发具有一定的控制效果，能显著改善水体透明度，为其他水生动植物的繁殖生长创造有利条件；⑥安装方便，运行管理简单，材质稳定，使用寿命长。

缺点：①材料加工制造困难，投资费用偏高；②对于封闭性、水位变化大、风浪大的水体，需要其他辅助技术和设施配合碳素纤维生态草的使用；③对于间歇性排水、枯水期的河道，碳素纤维生态草修复技术维护管理难度较大。

（2）设计要求。①河道所在区域的自然条件分析：调查工程现场的水文气象资料，区域的人口密度、工业、农业、土地利用等情况，水体的社会服务功能、水利规划等信息。分析水域的污染负荷，区域水生动植物的生物多样性，评估水生动植物生境状况。②水体污染特点分析：分析河道的污染类型（黑臭河道或富营养化河道），分析水体溶解氧、生化需氧量、总氮、总磷等指标，尤其是水体的可生化降解性、溶解氧、有毒有害物质种类及含量等。通过多种污染参数指标确定水体污染状况，分析水体污染物类型与特征，指导碳素纤维生态草的工艺参数设计并选择合适的辅助措施。③河道水流动力特征分析：分析河流水流动力学特征和规律，指导碳素纤维生态草的布局及安装方式。④技术选择：根据修复水体的预期目标及要求，确定不同的目标指标体系，确定工程项目实施地点及规模等事项。根据水体服务功能差异（如排洪、景观、饮用水等），配置相关的辅助技术，如通过浮岛技术达到美观的效果，通过设置阻拦带进行消浪，通过铁碳纤维微电极污水处理方法强化污水脱氮除磷效果。

碳素纤维生态草效果如图 3.40 所示。

图 3.40　碳素纤维生态草示意图

（3）维护管理。缺乏微生物的水体需人工加入微生物菌种；在缺氧环境中需要适当曝气充氧；在封闭水体无水流的情况下，需要创造循环水流条件；维护过程中应避免材料缠结以及防止材料暴露于空气中。

3.3.2.5　生物多样性恢复技术

1. 水生植物群落多样性恢复技术

（1）适用范围。水生植物群落多样性修复适用流速缓慢、河岸带缓坡、水深小于 3m、岸线较复杂的河段。

（2）设计要求。基于物理基底设计，选择对应植物种类、生活型，设计植物群落结构配置、节律匹配和景观结构，实现净化功能。采用生境和生物对策，因地制宜，设计以挺水植被为主、沉水植被为辅，结合少量漂浮植被的生态系统修复模式。

（3）技术参数。挺水植物选择当地常见植物，例如香蒲、芦苇，种植面积占河流岸带恢复区的水面 20%，沉水植物选择不同季相的种类来恢复疏浚后的河流生态系统，约占恢复河段水面的 10%，挺水植物一般以 $2\sim10$ 丛$/m^2$，沉水植物以 $30\sim100$ 株$/m^2$ 的密度种植。

（4）注意事项。在恢复初期应注意水体光照和流速的稳定；同时注意消浪和鱼类隔离。

2. 沉水植物优势种定植技术

（1）适用范围。适用流速缓慢、河岸带缓坡、水深小于 1m、岸线较复杂的河段。

（2）设计要求。基于物理基底设计，选择对应沉水植物的种类、生活型，设计优势物种结构配置、节律匹配（季节）和景观结构，实现稳定群落功能。采用生境和生物对策，因地制宜，设计定植优势物种的种类和生长时期。

（3）技术参数。定植物种密度参考环境优势种平均丰度；快速定植选取生长旺盛的种类，株高通常 $20\sim30cm$，用固定物如石块、竹竿固定上部与底部，垂直插入水体底部基质中，待生长稳定后取出固定物。

（4）注意事项。恢复初期应注意水体光照、透明度和流速的稳定；同时注意进行消浪和鱼类隔离。

3.3.2.6　沉水植物模块化种植技术

1. 适用范围

水生植物模块化种植技术适用流速缓慢、河岸带缓坡、水深小于 3m、岸线较复杂的河段。

2. 设计要求

在沉水植物种植上，宜集中种植，这样可以使种植的沉水植物形成一个群体，增强个体的存活能力。沉水植物物种存在草甸种植、播撒草种、扦插等种植方式。

3. 施工方法

采集肥沃湖泥、黏土及可降解纤维，按比例配制培养基质，并填入可拆卸模具中；将模具放入光照条件良好、可调节水位的小型水体中；培养基质中按一定密度种植植物种子，并随着生长高度适时调节水位，使其能快速生长，结成草甸。

在沉水植物草甸种植上，先通过细绳将多块草甸联结在一起，通过河段两岸将绳索两端带入水体，分别向两个方向伸展，将草甸完全拉平后将两端固定，或者将一端固定在水底，向另一端拉直，这样就完成了一条草甸的种植工作，然后再将其他草甸按照顺序种植。

单条草甸的联结间距及草甸间的距离，可根据种植密度的需要进行调整。在沉水植物扦插种植方式上，可一次扦插数十根水生植物，效率较高。在播撒草种的种植方式上，可直接播种在淤泥层上，这样可以避免草种悬浮在水体中而影响种植效率。

4. 注意事项

模块化种植初期应注意水体光照、透明度和流速的稳定；同时注意进行消浪和鱼类隔离。

3.3.2.7　水生动物群落多样性修复技术

1. 适用范围

适用流速缓慢、河岸带缓坡、水深小于1m、岸线较复杂的河段。

2. 设计要求

水生动物的修复应当遵循从低等向高等的进化缩影修复原则，避免系统不稳定性。当沉水植物生态修复和多样性恢复后，开展水系现存物种调查，首先选择修复水生昆虫、螺类、贝类、杂食性虾类和小型杂食性蟹类；待群落稳定后，可引入本地肉食性鱼类。

3. 技术参数

底栖动物选择当地水体常见物种，投放面积占河流岸带恢复区水面的10%，动物选择不同季相的种类，水生昆虫、螺类、贝类一般以$50\sim100$个/m^2，杂食性虾类和小型杂食性蟹类以$5\sim30$个/m^3的密度投放。

4. 注意事项

注意水体流速的稳定，同时注意消浪和杂食性鱼类隔离。

3.3.3　水土保持措施

3.3.3.1　总体要求

水土保持一直是江西省农村工作中的一个重要环节，而随着新农村建设的进一步推进和发展，江西省也对新时期农村水土保持工作提出了更高的要求。然而目前全省农村总体的经济基础较为薄弱，生态环境也不够理想，水土流失现象仍然普遍存在，如何做好农村水土保持工作对于实现全省生态文明村建设具有重要意义。为提高江西省农村水土保持效益，要求做到以下四点。

（1）通过宣传增强意识：加强宣传，尽可能让更多的人了解水土保持，让越来越多的人意识到水土保持生态建设的重要性，认识到它对于我国农村建设的重要意义。

（2）提升农村生态旅游工作：在具有较多人文景观的地区大力推进生态旅游，对于提升水土保持生态建设工作具有明显的效果。

（3）合理布局水土保持措施：是一项有效提高农村水土保持生态建设的途径，具体做法主要是工程措施、林草措施和耕作措施相互结合，例如：残茬覆盖与防护林、经济林相结合，生态护坡与撒播草籽相结合，封山育林育草与免耕相结合等。

（4）建立动态监测系统：运用各种手段和方法，对水土进行监测，可以有效防止由各种形式引起的水土流失，是非常有效的水土保持措施。

3.3.3.2　水土保持林草措施主要类型

1. 用材林

适用于农村水土保持的用材林主要分为以生产大径级木材为主要经营目的的一般用材林和以满足工矿企业的用材为主要经营目的的专用用材林；主要适用于偏远山区，多为原始林或次生林。技术实施要点如下。

（1）造林密度：绿化大苗与用材林的两用林，初植密度为株距 1.5m、行距 2m，但各树种生长的速度不同，可按不同情况确定密度，以 3 年内不移苗为标准，速生树种密度为 2250～3000 株/hm²，慢生树种密度为 4500 株/hm² 左右。

（2）造林时间和树种选择：造林时间最好在 2 月下旬至 3 月上旬，选择健康粗壮的苗木，地径 4cm 左右，做到随起、随运、随栽、尽量带土球、不伤及根。

（3）树种选择：适合红壤丘陵区因地制宜选择的树种有银杏、樟树、火力楠、栓皮栎、杉木、柳杉、水杉、马尾松、桉树等。

（4）林粮、林草间作：前三年实行林粮、林草间作，可间作低秆植物，如黄豆、紫穗槐等固氮植物，能提高造林成活率，促进幼林生长，为后期林木速生丰产打下坚实的物质基础。

2. 经济林

以生产木材以外的其他林产品，主要是油料、果品、药材、工业原料为经营目的天然林和人工林。适用于地势平坦、向阳、土厚、肥沃、水分适中地段。技术实施要点如下。

（1）为使幼龄经济林木获得较好水肥条件，整地规格要大，标准要高。缓坡、平地、农林间种地，多为带状或块状整地，一般采用大穴整地，60～80cm见方，深度50～80cm。最好提前3～6个月整地，以便储蓄雨水，熟化土壤。

（2）对经济林的速生丰产，施肥灌水有很大的促进作用。施肥应以有机肥为主，施肥又分基肥和追肥。施基肥时间从秋季落叶前后至次年初春都可进行。追肥多用化肥，施肥时间应根据树种的物候期，在大量需肥时期（如萌芽、开花、果实膨大期等）施入，满足生长、结实的需要。

（3）树种选择：如油茶、油桐、乌桕等油料树种，板栗、薄壳山核桃、柑橘等果品树种，银杏、杜仲、黄栀子等药材树种，龙脑樟、马尾松、湿地松等工业原料树种。

3. 防护林

（1）水源涵养林。以涵养水源、改善水文状况、调节水的小循环和防止河流、湖泊、水库淤塞以及保护居民点的饮水水源为主要经营目的的天然林和人工林。主要在河流发源地汇水区，干流和一级支流沿岸自然地形中的第一层山脊以内，大中型水库和湖泊周围地势较平缓处营造。技术实施要点如下。

1）乔、果、农作物结合模式。即在低山和丘陵顶部和交通不便利的地方种植用材林；在低山丘陵中部种植经济林；在坡下土层较厚的地方种植农作物。这样就形成了以用材林、经济林和农作物为主的三层水源涵养林带。

2）果、草立体模式。即在一些交通便利的低山地区、丘陵地区和一些退耕还林地区，考虑到当地的经济利益，可以大面积种植一些经济林。比如柑橘、核桃等果树；在果树下可以种植一些喜阴中药材。这样就形成了果草结合的立体水源涵养林带。

3）农作物带状间作模式。在以农作物为主的山脚和近平原地方，考虑到收获后断茬现象，可采用带状方式种植不同收获期的农作物，或者种植不同采收期的多年生中药材。在各种植带之间种植一些用材林或经济林。这样不但可以有效缓解农作物收获后的断茬而造成的水土流失现象，还可以提高当地农民收入，推动当地经济发展。

4）库区和小流域地区水源涵养林建设。乔、灌、草结合的封育缓冲带模式适用于那些水土流失严重的库区和小流域地带。在这一区域的边缘地带除了开展生态自我修复外，还要建设混交水源涵养林。水土流失较轻的库区和小流域地带采用乔草结合模式。

（2）水土保持林。以减缓地表径流、减少冲刷、防止水土流失，保持和恢复土地肥力为主要经营目的的天然林和人工林；主要在土壤瘠薄、裸露、水土冲刷、地质结构疏松或崩岗严重地段营造。技术实施如下。

1）水土保持林的营造宜采用混交造林模式，优先选用深根系树种与浅根系树种混交、阴性树种与阳性树种混交、乔木与灌木混交、针叶树种与阔叶树种混交等混交类型。在混交方式上，可采用带状、块状、株间混交模式。带状混交以 3～5 行作为一条带；株间混交普遍适用于山地、丘陵，而土地瘠薄地或水土流失严重区严禁采用，混交比在 40％以上。

2）在树种配置上，以乡土树种为主，兼顾引进外来优良树种。乔木选择优良乡土阔叶树种，要求树体高大、冠幅宽大、根系发达、枯枝落叶丰富且易于分解，灌木则选择粗生、冠浓根系发达的种类；同时，选择水分利用效率高、抗逆性强的树种。

（3）农田防护林。以抵御和降低各种农业自然灾害，改善土壤水分条件和农田小气候，营造对农作物生长发育有利的环境，从而确保农业高产、稳产为目的的一种人工林。在农业自然灾害（干旱、风沙、干热风、霜冻）严重地段，主要在其境界外 100m 范围内营造。技术实施要点如下。

1）农田防护林主林带应以 3 行或者 4 行为主，副林带以两行为主。农田防护林株行距主要有 2m×2m、3m×3m、3m×2m、4m×2m 等不同模式。村民可以根据当地情况，选择合适的株行距，种植点按照品字形（三角形）进行布置，种植密度不低于 1660 株/hm²。如果种植灌木，距株为 2m。

2）栽植后，如果发现有干旱现象，应及时补浇。另外，可以根据具体情况，采取树盘覆膜、保水剂、套袋造林等抗旱方法。

3）树种选择：如常绿乔灌木树种香港四照花、棕榈、黄栀子等，落叶乔灌木树种香椿、木槿、水杉等，草本植物黄花菜、百合、紫苏等。

（4）护堤护岸林。以巩固堤岸河床，防止岸坡被水冲刷崩塌为主要经营目的人工林。主要在河流两岸水面，山塘、水库、湖泊周围，排灌渠两侧一定距离内营造。主要技术实施要点如下。

1）根据地势及河流走向，在河流急转弯处，护堤护岸林地相应加宽；在河道内侧，留出缓冲区，在缓冲区内营造护岸护堤林；在河流经过的地势较陡处，也相应加宽护岸护堤林地，并严禁在陡坡处开垦耕地。

2）在堤岸河床两侧栽植灌木，如丁香、沙棘等，采用密植（即 1m×1m 或 1m×0.5m）的方法；在河道外侧栽植乔灌混交林，如落叶松、樟子松、云杉与丁香、沙棘混交林等，采用乔木稀植（即 4m×3m 或 3×3m）、灌木密植（同上）的方法；在河道内侧，栽植灌木，如短序松江柳、丁香、胡枝子等耐水湿的灌木，采用密植的方法。株间、行间相互交叉栽植，在靠近大坝内侧，栽植杨树、乔木柳等，株行距 2m×2m，品字形栽植，以防止洪浪对堤岸冲刷。

3.3.3.3 水土保持耕作措施主要类型

1. 以改变微地形为主的水土保持耕作措施

（1）水平沟耕作（图 3.41）。水平沟耕作是沿坡地等高线进行的耕作，也叫横坡耕作。它可改变坡面微地形，增加坡面粗糙度和降水入渗率，从而拦截降水，减缓地表径流，减少土壤冲刷，培肥地力和提高土地生产力。一般适用于坡度 15°以下的坡耕地，坡度越缓防治水土流失的效果越好。严禁顺坡方向筑垄。

图 3.41 水平沟耕作

预期效果：增加土壤贮水量、控制水土流失、提高土地生产力。

（2）沟垄耕作（图 3.42）。平地起垄以后，形成沟垄系统，作物可以种植在垄顶、垄侧或垄沟内，为多种作物在同一块地上进行间作、套种或混播拓展了空间，提供了条件。一般适用于坡度 20°以下的坡耕地。主要技术实施要点如下。

图 3.42 沟垄耕作

1）在坡耕地上沿等高线犁成水平沟垄，作物种在垄的半坡上，在沟中每隔一定距离做一土挡，以蓄水留肥。

2）其行距和垄深根据种植的作物而定，一般行距为 50～60cm，垄深一般为 50cm 左右。

预期效果：增加土壤贮存的水分，减小径流量和径流速率。

2. 以增加地面覆盖为主的水土保持耕作措施

（1）残茬覆盖。残茬覆盖是指把植物残茬保留下来，覆盖于土壤表面的方法。

（2）秸秆覆盖。秸秆覆盖是指作物收割后保留下作物底部的秸秆覆盖于土壤表面的方法。

上述两种方式可使地表形成一个缓冲层，阻隔大气因素对土壤表面的直接作用，雨滴的击溅作用被覆盖层阻挡而减轻，径流被阻滞而降低了流速。这是培肥土壤、减少土壤表面无效蒸发、增强土壤抗旱能力、提高作物产量的有效措施，同时在防治旱地水土流失方面具有特殊的功能。

3. 以改变土壤物理性状为主的水土保持耕作措施

（1）免耕。免耕即是不进行耕作整地，用免耕播种机将种子直接播于前茬土壤上。使土壤翻动减少到最低限度，利用残茬覆盖或化学除草剂消灭杂草，在残茬腐烂以后，增加土壤有机质含量，从而改善作物生长的土壤环境，通过不耕作达到耕作土壤的目的。

（2）少耕。与传统耕作法相比，减少了耕作的频率和强度。减少的耕作环节，主要是春秋两季的翻耕倒茬，以保留较多的残茬覆盖，并在一定程度上改善表层土壤的通透性，以达到保持水土和创造作物良好生长环境的目的。目前推行的少耕方式主要有浅耕、平行条带耕作和深松耕。

3.3.3.4　生态护坡主要类型

1. 液压喷播护坡

液压喷播护坡是通过液压喷播机将草坪植物种子、肥料、木质纤维、稳定剂（如乳化沥青、聚醋酸乙烯乳液等）、染色剂和水的混合液均匀洒布在边坡上来进行绿化的一种生态护坡技术。该方法成坪速度快，草坪覆盖度大，适合于大面积土质、沙土类或土石混合边坡，边坡坡度为 1∶1.05～1∶2.0，垂直坡度在 10m 以上的高、大、陡边坡。主要技术实施要点如下。

（1）施工工序：施工准备—坡面处理—喷播液配制—液压喷播—覆盖无纺布—养护管理。

（2）边坡处理：喷播前先对边坡坡面进行常规处理，削除坡面超填土方，填平拍实坡面冲沟，使坡面平顺密实，以利草种着落、防止被冲失。

（3）喷播液配制：根据混料箱容积，按原材料配比比例，先将水（3～4L/m²）和防土壤侵蚀剂（3～5g/m²）同时放入混料箱内，然后启动搅拌器充分搅匀，再加入复合肥料（30～60 g/m²）、草种（30 g/m²）、纤维（100～

120g/m²）、保水剂（3～5g/m²）、着色剂（3g/m²）等材料，并将混合液搅拌至全悬浮状备用。

（4）喷播操作方法：液压喷播施工过程中，喷播液因使用喷枪不同，会形成不同的射液抛物线，喷播液的最佳着地点为射液抛物线的最高点后 1～3m 范围内，此时喷播液以惯性与自重同时作用于坡面，使喷播液落地时以最短的时间达到动态平衡，有利于喷播均匀。喷枪手站在坡脚、喷枪正对边坡左右偏45°～60°范围以全扇面或半扇面从坡顶顺坡往下依次喷播，左右扇面搭接。

（5）铺设无纺布：喷播完毕，及时铺设外层覆盖材料——无纺布，并用 U 形铁丝钉固定。

2. 客土喷播护坡

采用湿式喷枪，通过压缩空气将植物种子、肥料、土壤和水的混合物洒布在边坡表面上，形成 1～3cm 厚的植被层，再在上面洒布 1 层乳化沥青或铺设无纺布以减少雨水冲刷并延缓土壤中水分的挥发，不仅适用于一般土质边坡，也可适用于风化岩质边坡、土夹石边坡及矿渣边坡等，且和传统播撒草籽或平铺草皮相比，适用坡度更高更陡。主要技术实施要点如下。

（1）施工工序。施工准备—坡面处理—测量放线—锚杆固定—挂网—客土喷播—覆盖无纺布—养护管理。

（2）客土材料。岩石绿化料（特制产品）：有机成分含量大于80%；N、P、K 含量不小于 5%；pH 值为 4.5～6.0。

进口特制绿化剂：主要由保水剂（100 倍以上）、高分子凝结剂、植物生长剂等组成。

长效复合绿化专用肥：肥力效力一般可长达 2～3 年。

当地土料：尽量使用当地肥土或熟土。

（3）客土配合比。各类岩面岩石绿化料与当地土料的比例分别为：强风化岩面 1∶1.5、中风化岩面 1∶1、弱风化岩面 1∶0.5。

（4）客土厚度。客土厚度主要受坡面岩石风化程度、岩石硬度、岩缝密度等因素影响。各类岩面的最小客土厚度分别为强风化岩面 6cm，中风化岩面8cm，弱风化岩面 10cm。

（5）客土喷播施工。将客土材料和植物种子加入客土喷播机，加水搅拌均匀即可进行喷播施工。自上而下分两次实施喷播，第一次喷播厚 3cm，待客土稳定后（10～20min），再喷播第二次至设计厚度，喷播时在岩性破碎、岩质坚硬坡段喷层厚度可适当增加。喷播之后及时加盖无纺布，30～45 天后练苗揭布。

3. 框格工程护坡

在边坡上砌筑、装配一定形状的混凝土（或其他具有一定强度的工程材料）框格，然后在框格内堆填土或土袋来进行绿化；适合于坡度较陡的土质边坡和易风化的岩质边坡。主要技术实施要点如下。

（1）施工工序：施工准备—测量放线—坡面平整—预制块砌筑—回填客土—播种—养护管理。

（2）测量放线：采用全站仪在脚槽及封顶上标示出轴线位置，用水准仪在脚槽及封顶距离轴线相等位置按设计高程找平。

（3）坡面平整：一般先由机械粗平，然后由人工精确整平。在机械整坡时要注意设置一定形状的混凝土预制块，砌筑预制块从一端连续进行砌筑，由堤脚向堤肩方向进行。采用垂直和水平挂线双控方法进行满幅控制，垂直方向上按 10m 间距分别挂线，水平方向挂线两道，间距为一砌块宽，水平方向线位于垂直方向线上方。要保证第一行砌块的砌筑质量，为保证砌块底脚线的一致性，要随时用中心线进行校核。在施工过程中严格控制坡面坡度及平整度，及时修理不合格砌块，砌筑时要嵌紧、整平、稳定、紧密，不允许有架空、翘边角现象发生。

（4）回填客土：框格混凝土砌筑完成后，对土质条件差、不利于草种生长的坡面回填改良客土，并用水润湿使改良客土自然沉降稳定。

（5）撒播草籽：主要有液压喷播和人工撒播，液压喷播技术如上所述，人工撒播应撒 5～10mm 细料土覆盖。

框格工程护坡效果如图 3.43 所示。

图 3.43　框格工程护坡效果图

3.4　水管理技术与方法

3.4.1　生活节水技术

3.4.1.1　节水型器具

节水型器具是根据《节水型生活用水器具》（CJ/T 164—2014）中的定义

主要包括节水型龙头、节水型便器、节水型淋浴器、节水型洗衣机等。节水型器具的应用能在源头上避免水资源的浪费。

3.4.1.2　节约用水

在日常生活中养成良好的节水习惯，做到"一水多用"。如可在卫生间和厨房放一个较大的水桶，收集洗衣服、洗脸的水用于冲厕；收集洗菜、洗米的水用于拖地等。"一水多用"的生活习惯能大大提高水资源的利用效率。

3.4.1.3　雨水利用

江西省属南方丰水区域，雨水资源较为丰富。可在庭院中放置一个大的塑料桶，收集雨水用于庭院地面的冲洗、院子里菜地或果树的浇灌等。雨水资源的有效利用能在一定程度上减小生活用水的消耗。

3.4.2　农田节水技术

3.4.2.1　渠道防渗技术

渠道输水是目前我国农田灌溉的主要输水方式。传统的土渠输水渠系水利用系数一般为 0.4～0.5，差的仅 0.3 左右，大部分水都渗漏和蒸发损失掉了。渠道渗漏是农田灌溉用水损失的主要方面。采用渠道防渗技术后，一般可使渠系水利用系数提高到 0.6～0.85，比原来的土渠提高 50%～70%。渠道防渗还具有输水快、有利于农业生产抢季节、节省土地等优点，是当前节水灌溉的主要措施之一。

根据所使用的材料，渠道防渗可分为：①三合土护面防渗；②砌石（卵石、块石、片石）防渗；③混凝土防渗；④塑料薄膜防渗（内衬薄膜后再用土料、混凝土或石料护面）等。

适用范围：渠道防渗是运用最广泛的一种农田节水技术，由于基本采用当地材料，取材容易，施工方便，对施工技术要求不高，因此适用于各类灌区的渠道改造。

3.4.2.2　管道输水技术

利用管道将水直接送到田间灌溉，以减少水在明渠输送过程中的渗漏和蒸发损失。发达国家的灌溉输水已大量采用管道。常用的管材有混凝土管、塑料硬（软）管及金属管等。管道输水与渠道输水相比，具有输水迅速、节水、省地、增产等优点，其效益为：水的利用系数可提高到 0.95，节电 20%～30%，省地 2%～3%，增产幅度 10%。

建设内容：主要包括水源提升（增压）系统、输水管道、给配水装置（出水口、给水栓）、安全保护设施（安全阀、排气阀）、田间灌水设施等。

适用范围：适用于输配水系统层次少（一级或二级）的小型灌区，特别是井灌区；或用于输配水层次多的大型灌区的田间配水系统。

3.4.2.3 喷灌节水技术

利用管道将有压水送到灌溉地段，并通过喷头分散成细小水滴，均匀地喷洒到田间，对作物进行灌溉。喷灌作为一种先进的机械化、半机械化灌水方式，在很多发达国家已广泛采用。

喷灌的主要优点如下：

（1）节水效果显著，水的利用率可达 80%。一般情况下，喷灌与地面灌溉相比，1m³ 水可以当 2m³ 水用。

（2）作物增产幅度大，一般可达 20%～40%。其原因是取消了农渠、毛渠、田间灌水沟及畦埂，增加了 15%～20% 的播种面积；灌水均匀，土壤不板结，有利于抢季节、保全苗；改善了田间小气候和农业生态环境。

（3）大大减少了田间渠系建设及管理维护和平整土地等的工作量。

（4）减少了农民用于灌水的费用和投劳，增加了农民收入。

（5）有利于加快实现农业机械化、产业化、现代化。

（6）避免由于过量灌溉造成的土壤次生盐碱化。常用的喷灌有管道式、平移式、中心支轴式、卷盘式和轻小型机组式。

建设内容：主要包括水源提升（增压）系统、管道系统及配件、田间工程等。

适用范围：适用于当地有较充足的资金来源，且经济效益高、连片、集中管理的作物种植区。

3.4.2.4 微喷灌溉节水技术

微喷灌溉是新发展起来的一种微型喷灌形式，是利用塑料管道输水，通过微喷头喷洒进行局部灌溉的。它比一般喷灌更省水，可增产 30% 以上，能改善田间小气候，可结合施用化肥，提高肥效；主要应用于果树、经济作物、花卉、草坪、温室大棚等灌溉。

建设内容：主要包括水源提升（增压）系统、管道系统及配件、微喷头等。

适用范围：微喷灌广泛应用于蔬菜、花卉、果园、药材种植场所，以及扦插育苗、饲养场所等区域的加湿降温。

3.4.2.5 滴灌节水技术

滴灌是利用塑料管道将水通过直径约 10mm 毛管上的孔口或滴头送到作物根部进行局部灌溉。它是目前干旱缺水地区最有效的一种节水灌溉方式，其水的利用率可达 95%。滴灌较喷灌具有更高的节水增产效果，同时可以结合施肥，提高肥效一倍以上。适用于果树、蔬菜、经济作物以及温室大棚灌溉，在干旱缺水的地方也可用于大田作物灌溉；不足之处是滴头易结垢和堵塞，因此应对水源进行严格的过滤处理。

按管道的固定程度，滴灌可分固定式、半固定式和移动式三种类型。固定式滴灌，其各级管道和滴头的位置在灌溉季节是固定的；其优点是操作简便、省工、省时，灌水效果好。半固定式滴灌，其干、支管固定，毛管由人工移动。移动式滴灌，其干、支、毛管均由人工移动，设备简单，较半固定式滴灌节省投资，但用工较多。

建设内容：主要包括首部枢纽、管道系统及配件、滴头等。

适用范围：主要用于果树、蔬菜、经济作物以及温室大棚灌溉，在干旱缺水的地方也可用于大田作物灌溉。

3.4.2.6 控制灌溉节水技术

根据水稻不同生育期对水分的不同需求进行"薄、浅、湿、晒"的控制灌溉，既节约用水，又有利于农作物生长，改变了以往水稻大水漫灌、串灌的旧习惯。它不需增加工程投资，只要按照节水灌溉制度灌水即可。"薄、浅、湿、晒"（薄水插秧、浅水育秧、分蘖前期湿润、分蘖后期晒田）、"旱育稀植"（旱育旱栽，稀植，适当补水）等技术均属这一范畴。

3.5 水景观提升技术

3.5.1 总体要求

水景观应该兼具自然系统和人工系统两方面的基础功能，在不破坏水生态系统在资源供给等方面的公共服务属性的同时，能体现生态化人工基础设施的功能，达到人与自然和谐统一。总体上应遵循以下原则。

（1）整体性原则。水系是一个复杂的系统，系统中某一因素的改变，都有可能对水景观面貌产生影响。因此，在进行景观规划设计时，首先应从整体的角度，以系统的观点进行全方位的考虑，如水土流失控制、流域治理、水资源合理利用、重大水利工程设施保护、环境污染综合治理以及城乡统筹建设规划等。

（2）生态设计原则。依据景观生态规划设计原理，水景观建设应满足水系的使用功能，尽可能地恢复其自然生态特征，增加景观异质性，保护生物多样性，构建景观生态廊道，实现水系的可持续发展。

（3）自然美学原则。与城市水景观相比，水景观具有更高的自然美学价值。形态上，规划应保持水系的自然形态，以当地的天然材料为主，既要考虑植物的喜水特性又要满足造景的需要，使环境协调统一。

（4）文化性原则。传统景观文化不仅具有朴素的自然美，而且它和人们的日常生产生活保持着最为直接和紧密的联系；尤其是涉及古迹、宗教、民族、宗族风俗传统等固有的人文基础，均应在尊重和保护的前提下实施景观规划设计。

（5）可行性原则。考虑各地建设资金来源及投资回报差异，在建设水景观时，要考虑建设成本适宜、管理方式简便、经济实用、可持续、可复制推广的方案。

3.5.2　亲水景观建设

亲水景观建设不仅要满足总体要求，还要因地制宜，合理规划。亲水景观建设的主要形式为人工湿地和生态沟塘，相关技术介绍如下。

3.5.2.1　人工湿地景观技术

湿地不仅能处理污水，还能通过人为的规划设计营造出独特的景观效果，形成具备净化水质的自然生态系统，并以其独特的景观形态美、色彩美、音韵美和氛围美等内涵，给人们提供良好的绿色空间和生活环境，发挥它的生态效益、社会效益和经济效益。

1. 湿地选点

选择垃圾散放或污水排放等废弃地，根据地形和空间条件设置潜流和表流湿地，可兼具环境整治、净化水质、景观美化功能，有条件的也可作休闲游憩场所。

2. 湿地基质选择

参照《人工湿地污水处理工程技术规范》（HJ 2005—2010），针对人工湿地建设，应根据各地具体情况，因地制宜、就地取材。地下水水位较低地区，采用素土夯实等基本防渗措施，防止地下水污染，地下水水位较高地区，应在底部和侧面进行防渗处理，底部不得低于最高地下水水位。当原有土层渗透系数大于 10^{-8} m/s 时，应构建防渗层，敷设或者加入一些防渗材料以降低原有土层的渗透性，防渗层可采用黏土层、聚乙烯薄膜及其他建筑工程防水材料。

3. 湿地植物选择

人工湿地植物的选择应符合下列要求。

（1）宜选用耐污能力强、根系发达、去污效果好、具抗病虫害能力、有一定经济价值、容易管理的本土植物。

（2）湿地植物应能忍受较大变化范围内的水位、含盐量、温度和 pH 值。

（3）成活率高，种苗易得，繁殖能力强。

（4）有一定的美化景观效果。

（5）配置时应尽可能考虑植物的多样性，提高对污水的处理性能，延长使用寿命。

（6）人工湿地出水直接排入河流、湖泊时，应谨慎选择"凤眼莲"等外来入侵物种。

4. 湿地植物种植

（1）人工湿地植物的栽种移植包括根幼苗移植、种子繁殖、收割植物的移植以及盆栽移植等。

（2）植物种植的土壤宜为松软黏土—壤土，厚度宜为 20～40cm，渗透系数宜为 0.006～0.084cm/d。

（3）优先选用当地的表层土种植，当地原土不适宜人工湿地植物生长时，再进行置换。

（4）植物种植时，应搭建操作架或铺设踏板，严禁直接踩踏人工湿地。

（5）植物种植时，应保持基质湿润，基质表面不得有流动水体；植物生长初期应保持池内一定水深，逐渐增大污水负荷使其适应。湿地景观效果如图3.44 所示。

图 3.44　湿地景观效果图

湿地主要植物名称及栽植密度参见表 3.7。

表 3.7　　　　　　　湿地主要植物名称及栽植密度参考表

植物名称	最大密度 /(株、丛/m²)	植物名称	最大密度 /(株、丛/m²)
菖蒲	30	雨久花	20
香蒲	30	野慈姑	16
水葱	50	黄菖蒲	20
千屈菜	10	花菖蒲	30
黄鸢尾	16	紫芋	20
香菇草	20	蒲苇	8
泽泻	16	水竹芋	12

植物名称	最大密度 /(株、丛/m²)	植物名称	最大密度 /(株、丛/m²)
芦苇	30	石菖蒲	50
花叶水葱	50	小香蒲	30
花叶芦竹	30	莎草	20
再力花	10	细叶莎草	20
海寿	10	金鱼藻	100
旱伞草	50	眼子菜	20
美人蕉	10	灯心草	20
玉婵花	20	水烛	20
条穗苔草	40	梭鱼草	16
荷花	1	三白草	20
睡莲	2	红蓼	20
萍蓬草	4	燕子花	30
芡实	1	水生薏米	25
荇菜	8	文殊兰	25
苦草	100	蜘蛛兰	12
茭白（菰）	2	水蕹	10

3.5.2.2 生态沟塘景观技术

生态沟塘是以生态为理念，以水相、季相、时态、水态等方面为景观美学特征，通过在塘系统中人为建立稳定的动植物、微生物关系的食物链网，使沟塘在污水净化处理的同时实现污水资源化。生态沟塘作为水域的一种，其景观价值和景观美与水域景观价值具有相通性，是人类审美和水域景观联系的纽带，是水域景观的核心。

生态沟塘景观中的植物造景追求春花秋叶、夏荫冬枝的效果，水景则应注意季节变换而产生的不同景观效果，设计上要有一定起伏，高低错落、疏密有致。借助水面宽窄、水流缓急、空间开合把不同姿态、形韵、线条、色彩的水生植物搭配对比，使其有大有小、有高有低、有前有后，与周围环境完美契合，形成整体，展现自然与人工结合之美。

结合利用多种水生生物对生态系统进行生物调控。根据水质改善情况及水生植物恢复情况投放滤食性鱼类和观赏性较好的花鲢、锦鲤等；投放底栖动物，如螺蛳、蚌等，构建完善的水生态系统，达到水质净化和资源化、生态效果等综合效益，使整个水面景色显得韵动十足、生机盎然。应注意水生植物的覆盖度应小于水面积的 30%。

生态沟塘景观建设中除了选用上述湿地植物以外，还需选择生长在陆地上的耐湿乔灌木进行搭配，如水杉、水松、木麻黄、蒲葵、落羽松、池杉、大叶柳、垂柳、旱柳、水冬瓜、乌桕、苦楝、枫杨、榔榆、桑、梨属、白蜡属、香樟、棕榈、无患子、蔷薇、紫藤、南迎春、连翘、棣棠、夹竹桃、丝棉木等，这些植物有较强的耐水性，且有防风固土作用。配置这些植物，可以使整个沟塘生态系统物种更为丰富，增加系统的稳定性，形成的林下空间可以作为居民的游憩场所。

3.5.2.3 人工湿地＋生态沟塘景观技术

在空间允许的情况下，可同时设置人工湿地和生态沟塘，形成人工湿地＋生态沟塘景观；建立和发展良性循环的生态系统，充分考虑动植物物种的生态位特征及污水净化功能特点，合理配置一个具有高效净水功能的协调稳定的复层混交立体动植物生态群落，形成人与自然的协调发展、和谐共生，体现自然元素和自然过程。

在设计时除了注重生态功能和景观功能，还需考虑其休闲娱乐功能。将文化元素融入景观设计理念，配置亲水平台及步道、石桌石凳、园亭等休息娱乐设施，营造人文、景观与休憩娱乐相协调统一的环境，使污水处理工程成为居民休闲游憩的场地，实现污水净化的景观效应。城郊人工湿地沟塘如图 3.45 所示。

图 3.45 城郊人工湿地沟塘

3.5.3 滨岸带景观建设

滨岸带景观建设主要指护坡和驳岸建设，在保证防护功能的前提下具备一定景观效果。

3.5.3.1 护坡

护坡方法的选择应依据坡岸用途、构景透视效果、水岸地质状况和水流冲刷程度而定，主要有铺石护坡、灌木护坡和草皮护坡。生态型护坡景观能产生自然、亲水的效果。具体类型和施工方法详见 3.3.1.4 生态岸坡整治。

3.5.3.2 驳岸

1. 驳岸形式的选择

驳岸形式实际上直接影响到湿地景观区的可持续发展。驳岸除支撑和防冲刷作用之外，还可以通过不同的形式处理，增加驳岸的变化，丰富水景的立面层次，增强景观的艺术效果。驳岸形式一般可分为混凝土驳岸、石砌驳岸、水泥砖砌岸、网箱式驳岸、桩基类驳岸、竹篱驳岸、板墙驳岸、自然式土岸等。

（1）混凝土驳岸是水泥浇注形成的一种驳岸，常用在城市河道整治中，乡村河道整治中尽量不采用此形式。

（2）石砌驳岸是用天然石块堆砌成的驳岸，可分为规则式和自然式。规则式石砌岸线条较生硬、枯燥，但容易形成空间感，显得整洁。自然式石砌岸线条呈曲线，与原有的岸线能完美的结合，景观效果更贴近自然，便于游人开展亲水活动；且石块与石块之间形成的孔洞既可以种植水生植物，又可以作为两栖动物、爬行动物、水生动物等的栖息地，从而形成一个复合的生态系统。自然式石砌岸既能满足景观的要求，又能满足生态的要求，是一种非常适合湿地驳岸改造的形式。

（3）水泥砖砌岸是用机制水泥砖铺成，水泥砖可分为无孔砖和有孔砖，无孔砖砌岸景观效果与规则式石砌岸类似，对湿地生态功能也起减弱作用。有孔砖能护坡固土，孔中可种植水生植物，也能作为各种动物的栖息场所，容易形成一个水岸生态群落，对湿地的生态功能影响较小。

（4）网箱式驳岸是目前处理湿地驳岸时最新的一种方式。蜂巢护垫与蜂巢网箱是采用镀铝、镀锌金属网箱为主要护岸材料，网箱内填充碎石、种植土、肥料及草籽等。护垫具有整体性和柔韧性，既能抵御水流动力牵拉，又能适应基沉降变形。它综合了土工网和植物护坡的优点，在坡面构建了一个具有自身生长能力的防护系统，植物的根系可以穿过网孔均衡生长，长成后的草皮使护垫、土壤和植物牢固地结合在一起，有效抑制暴雨径流对边坡的侵蚀，而且达到草坡入水的景观效果。

（5）桩基类驳岸由桩基、卡挡石、盖桩石、混凝土基础、墙身和压顶等级部分组成。桩基是我国古老的水工基础做法，在水利建设中应用广泛，是一种常用的水工地基处理手法。当地基表面为松土层且下层为坚实土层或基岩时最宜用桩基。其特点是：基岩或坚实土层位于松土层下，桩尖打下去，通过桩尖将上部负荷传给下面的基岩后坚实土层；若桩基打不到基岩，则利用摩擦桩，借摩擦桩侧表面与泥土间的摩擦力将荷载传到周围的土层中，以达到控制深陷的目的。卡裆石是桩间填充是石块，起保持木桩稳定的作用。盖桩石为桩顶浆砌的条石，作用是找平桩顶以便浇灌混凝土基础。基础以上部分与砌石类驳岸相同。

（6）竹篱驳岸、板墙驳岸是另一种类型的桩基驳岸。驳岸打桩后，基础上部临水面墙身由竹篱片或板片镶嵌而成，适于临时性驳岸。竹篱驳岸造价低廉、取材容易，施工简单，工期短，有一定使用年限，凡盛产竹子，如毛竹、大头竹、勤竹、撑篱竹的地方都可采用。施工时，竹桩、竹篱要涂上一层柏油，目的是防腐。竹桩顶端由竹节处截断以防雨水积聚，竹片镶嵌直顺，紧密牢固。

由于竹篱缝很难做得严实，这种驳岸不耐风吹浪击、淘刷和游船撞击，岸土很容易被风浪淘刷，造成岸篱分开，最终失去护岸功能。因此，此类驳岸适用于风浪小、岸壁要求不高、土壤较黏的临时性护岸地段。

（7）自然式土岸指在原有驳岸的基础上，按照景观设计的要求，对驳岸的空间形态、植物景观加以改造，使其在保持原有生态功能的前提下，满足游人观赏游玩的要求。自然式工岸是一种对原有湿地驳岸改动最小的一种驳岸形式。自然式土岸也因处理手法的不同而呈现不同的景观，一般处理手法有堆石法、浚潭法、枯木法、植栽法等。自然式土岸应该是乡村水生态建设中主要提倡推广的形式。

（8）混合式驳岸。在实际设计过程中，根据现场情况及需求，可采用上述多种形式进行混合搭配。

2. 驳岸湿地景观的生态设计

驳岸湿地是与陆路接触的部分，是水生态系统向陆地生态系统的过渡地带，也是游人进行亲水活动的主要场地。驳岸的结构形态不仅影响到湿地生态功能的发挥，也影响湿地的景观效果。

在保护和利用现有的植被条件下，建立一个由乔灌林、草滤带、挺水植物带、沉水植物带和漂浮植物带，形成与"水体-湿地-滨水景观-陆地景观-人工环境的模式"相适应的完整植物景观生态系统。在进行植物搭配时，根据丰水期和枯水期水位变化，合理设置植物结构，并充分考虑植物的季相性，尤其要注意落叶树种的栽植，尽量减少水边植物的代谢产物，以达到整体最佳状态。农村驳岸湿地景观的生态设计需因地制宜，尽量在原有基础上进行生态设计，尽可能地减少对自然生态的破坏，降低建设成本。

植物是驳岸生态系统的基本成分之一，也是视觉景观的重要因素之一。在进行植物种植设计时，一方面要考虑植物的独有性和观赏价值等外在因素，另一方面要重视栽种该植物后的植株生长效果、湿地的运行效果、生长表现以及对生态的安全性等。

植物配置结构主要为乔＋草、灌＋草、乔＋灌＋草三种模式，根据地形及空间，相应调整乔灌草植物比例。

驳岸景观效果如图 3.46 所示。

图 3.46　驳岸景观效果图

3.5.4　整体景观建设

在参照国家和江西省建设规划等相关原则基础上，整体景观建设不能脱离生产、生活，考虑整体性、功能兼具性、生态性、自然美学等因素。统筹推进田、水、路、林、区域综合整治与规划。按照有利生产、方便生活和公共服务均等化的要求，合理进行区域功能分区，结合完善道路、水电及生活垃圾、污水处理等基础设施，健全教育、医疗卫生、文化娱乐等公共服务设施，加强绿化建设，实现布局优化、村庄绿化、环境美化。

3.5.5　绿化景观

充分利用现有自然条件基础，尽量在劣地、坡地、洼地布置绿化，植物配置宜选用具有地方特色、易生长、抗病害、生态效应好的当地品种。重视古树名木的保护。绿地建设宜结合村口、公共中心及沿主要道路布置。有条件的集中绿地应适当布置桌椅、儿童活动设施、健身设施、小品建筑等，丰富居民生活。

县城绿化应在中国传统园林和现代园林的基础上，紧密结合城市发展，适应城市需要，以实现整个城市辖区的园林化和建设国家园林城市为目的的一种新型园林，实现"城中有乡，郊区有镇，城镇有森林，林中有城镇"。

城镇和农村绿化以种植树木为主，少植草皮，按照适地适树原则，以乡土树种为主，可种树、植竹、栽果，注重环境协调和方便日常维护管理。同时要充分做好村旁、路旁、宅旁、水旁的绿化，不留死角，增加绿化数量和类型，防止水土流失。对宅院及宅间空地要以种植经济植物、果树为主，兼顾观赏、遮阴等功能。

3.5.5.1 水景观

县城和城镇水景观设计在进行城市防洪工程建设的同时，在水体上游建设橡胶坝或跌水工程，在非汛期形成河湖水面，增加湿地。在满足雨季泄洪要求的前提下，从生态和景观两个方面考虑，以不规则自然河岸形式结合复层绿化，创造优美、质朴的郊野景观，形成良好的自然生态系统。

农村水景观的营造要同农村的农田景观、村庄聚落形态相协调，使水景观融入农村的自然景观，为自然景观增色；其次，要满足农村居民的实际需求和审美需求。应合理利用地形，保持田园风光。结合民俗民风，展示地方文化，体现乡土气息，形成地方特色。通过在农田与水体之间设置适当宽度的植被缓冲带，在农田景观区适当增加湿地面积，在地形转换地带建立适当宽度的树篱与溪沟等，针对农村地区的资源与环境条件，开发推广切实可行、因地制宜的成本较低的污水处理技术。

3.5.5.2 建筑风貌

水生态文明建设在建筑风貌方面可以根据区域整体风格特色、居民生活习惯、地形与外部环境条件、传统文化等因素。确定建筑风格及建筑群组合方式：建筑风格应整体协调统一，并能体现地方特色；住宅应以坡屋顶为主，尽量运用地方建筑材料，形成较鲜明的地方特色。

3.5.5.3 景观文化

景观文化不仅要体现出自然朴素、醇厚优美和深沉博大，而且要和人们的平凡生产生活保持着最为直接和紧密的联系。县城景观文化要发掘景观文化，营造观所展现的当代价值，把渔樵耕读、琴棋书画和福禄寿喜等文化元素以最质朴的方式体现出来，归纳出一套尊重生活、生态自然、具有文化特质的新模式。

3.6 水文化宣传与保护

3.6.1 机构设置与人员配备

建立管理机构，通过民主议事程序建章立制，明确管理责任，由专人负责联系协调相关事宜。

3.6.2 水文化保护

水文化指人类在社会发展进程中创造的与水有关的科学、人文、历史等方面物质和精神成果的总和。水文化包括与水有关的思想意识、价值观念、行业精神、科学著作、文学艺术、风俗习惯、宗教仪式、治水人物、经典工程等。水文化保护的主要任务包括：①开展与水文化相关的历史文化遗存及非物质文化遗产的调查评估，摸清传统水文化遗产的内容、种类和分布等情况。②保护历史上通过利用水进行生产而修建的水利工程、发明和使用的水利工具以及制度，研究出的治水技术和形成的水利农俗等的实物和文献档案。

3.6.3　水文化宣传

开展水文化宣传教育，使居民逐步树立创建水生态文明意识，形成支持参与的强大合力，营造水生态文明建设的浓厚氛围。可以从以下几方面开展工作。

（1）加强节水、爱水、护水、亲水等方面的水文化教育。①制作水生态文明建设成效专题片，分别组织公众集中观看；②安排巡回宣传车进行巡回宣传；③在人员集中地方，发放宣传资料，提高水生态文明知识入户率；④在各中小学的主题班会上开展水生态文明知识宣传，通过学生影响，带动家长自觉养成良好的卫生生活习惯；⑤印制水生态文明相关宣传挂图、节水小常识读物。

（2）结合示范工程建设，建设一批水生态文明示范教育基地，对水生态文明建设成果进行全方位展示，打造水生态文明宣传样板工程，强化居民的水资源节约、保护意识和水文明理念。①水生态示范区。结合水利工程建设，融合现代科技与人文景观元素，建设一批具有示范引领作用，集防洪、供水、生态、旅游等综合效益为一体的水利风景亮点工程，展示水利文化，突出水利特色。②水情教育培训基地。依托湿地公园、饮用水水源地、自来水厂、节水载体、高效灌溉示范区等，广泛建立水生态文明宣传教育基地，强化水生态保护意识。

（3）通过电视、报纸、公益广告牌等途径，采取平日和重点水日（世界水日、中国水周、世界环境日、国际湿地日等）相结合的方式，开展传统文化和特色水文化的宣讲，使水生态文明理念深入人心。

（4）组织涉水部门党政干部进行水生态文明相关培训。

（5）把水生态文明建设宣传融入当地一些节日活动中，打造出一批具有江西特色的水生态文明宣传品牌。

（6）建设供居民进行文化交流和活动的场所，建设当地历史、风俗、乡土文化的小型博物馆。

第4章

水生态文明评价方法

水生态文明状况是一个非精确的定性与定量问题，没有文明和不文明的截然界限和标准，只有相对优劣之分。对水生态文明状况进行评价，选择适宜的评价方法很重要（班荣舶等，2015）。目前国内评价水生态文明状况的方法主要有：综合指数评价法、加权比较法、模糊综合评价法、定量化评价法-单指标量化-多指标综合-多准则集成（SMI－P）法、物元可拓分析法等。

指标权重系数的赋权从确定途径上分为两大类，即主观赋权法和客观赋权法。主观赋权法是根据人们主观上对各评价指标的重视程度来确定其权重的一类方法，常用的有层次分析法、专家咨询法、德尔菲法等；不论哪一种，在很大程度上都取决于专家的知识、经验及其偏好。客观赋权法是利用各项指标所反映的客观信息确定权重的一种方法，其基本思路是：权重系数应当是各个指标在指标总体中的变异程度和对其他指标影响程度的度量，赋权的原始信息应当直接来源于客观环境，可根据各指标所提供信息量的大小来决定相应指标的权重系数。常用的客观赋权法有均方差法、极差法、熵值法等，它们均是根据某同一指标观测值之间的差异程度来反映其重要程度的方法，变异程度越大，则该指标对评价系统所起的作用越大，反之则越小。

随着我国城市水生态文明建设实践的推进，各地已有一定的水生态文明评价成果。经验表明，水生态文明的评价不可简单地由某一约束性指标进行判断，且不同的评价指标在流域内不同区域的作用具有差异。而目前许多指标的量化和权重都以经验判定为主；且因水生态文明建设涉及内容广泛，其评价指标较多，导致各指标的权重比例影响则相对弱化。因此，水生态文明评价需要对不同的指标赋予合理的权重，并建立科学的综合评价模型进行总体评价。层次分析法系统、灵活、简洁、实用、操作简便，加权比较法操作简单、实用性强。本书选取层次分析法作为江西省水生态文明评价指标权重确定的方法，依托 yaahp 软件实现；选取加权比较法作为江西省水生态文明评价方法。

4.1 水生态文明县评价方法

4.1.1 指标权重的确定

1. 层次结构模型的构建

层次结构模型的构建基于构建的江西省水生态文明评价指标体系。其中目标层为江西省水生态文明县评价 A，准则层为水安全 B1、水环境 B2、水生态 B3、水管理 B4、水景观 B5 和水文化 B6 六层，指标层为各层级包含的指标 C，详见表 4.1。

表 4.1　　　　江西省水生态文明县评价指标层次结构模型

目 标 层	准 则 层	指 标 层
江西省水生态文明县 A	水安全 B1	病险水库、水闸除险加固率 C1
		城镇生活供水保障率 C2
		工业供水保障率 C3
		农田灌溉保障情况 C4
		备用水水源地建设情况 C5
	水环境 B2	城镇生活污水集中处理率 C6
		排污口达标排放率 C7
		规范化养殖 C8
		饮用水水源地保护 C9
	水生态 B3	水土流失治理率 C10
		生态需水保障 C11
		水域面积比例 C12
		城市绿化覆盖率 C13
		水系连通率 C14
	水管理 B4	水资源监控覆盖率 C15
		水利工程设施完好率 C16
		管理体制机制 C17
		三条红线考核达标情况 C18
		河长制实施情况 C19
	水景观 B5	水利风景区建设 C20
		亲水空间的多样性 C21
		滨岸带景观建设与观赏游憩价值 C22
	水文化 B6	水文化宣传情况 C23
		水生态文明知识普及率 C24
		公众对水生态文明建设的满意度 C25

2. 判断矩阵的建立

基于江西省水生态文明县评价这个总目标，通过专家咨询，并参考各地区水生态文明评价办法，得出准则层各指标的重要性如下：水管理＞水安全＝水环境＞水生态＞水文化＝水景观。基于以上认识，运用层次分析法，通过两两比较，构造准则层的判断矩阵，该矩阵的一致性检验值 CR 为 0.0258，小于0.1，权重的确定具有可信性，详见表 4.2。

表 4.2　　　　　　　　江西水生态文明县目标下的判断矩阵

	B1	B2	B3	B4	B5	B6
B1		1	1/2	2	1/2	1/2
B2			2	1/2	2	2
B3				1/2	2	2
B4					2	2
B5						1
B6						

同理，分别将水安全、水环境、水生态、水管理、水景观、水文化各层级指标进行两两比较得到其判断矩阵，其中水安全矩阵的一致性检验 CR 值为0.0131，水环境 CR 值为 0.0228，水生态 CR 值为 0.0397，水管理 CR 值为0.0000，水景观 CR 值为 0.0000、水文化 CR 值为 0.0000，均小于 0.1，各矩阵的权重值具有可信性。各目标下的判断矩阵详见表 4.3～表 4.8。

表 4.3　　　　　　　　水安全目标下的判断矩阵

	C1	C2	C3	C4	C5
C1		2	2	2	1
C2			2	1	1/2
C3				1	1/2
C4					1/2
C5					

表 4.4　　　　　　　　水环境目标下的判断矩阵

	C6	C7	C8	C9
C6		1	2	1
C7			1	1
C8				1/2
C9				

表 4.5　　　　　　　　　　　　水生态目标下的判断矩阵

	C10	C11	C12	C13	C14
C10		1	1/2	1	1/3
C11			2	2	1/3
C12				1	1/3
C13					1/3
C14					

表 4.6　　　　　　　　　　　　水管理目标下的判断矩阵

	C15	C16	C17	C18	C19
C15		1	1	1/2	1/2
C16			1	1/2	1
C17				1/2	1/2
C18					1
C19					

表 4.7　　　　　　　　　　　　水景观目标下的判断矩阵

	C20	C21	C22
C20		1	1
C21			1
C22			

表 4.8　　　　　　　　　　　　水文化目标下的判断矩阵

	C23	C24	C25
C23		2	2
C24			1
C25			

3. 权重的计算

通过以上构建的判断矩阵，计算江西省水生态文明县评价指标体系中各指标的权重系数，结果见表 4.9。

表 4.9　　　　　江西省水生态文明县评价指标权重系数计算结果

指标代号	B1	B2	B3	B4	B5	B6	层次
	0.1972	0.1972	0.1416	0.2772	0.0979	0.0979	总权重
C1	0.2763692						0.0545
C2	0.1627789						0.0321

续表

指标代号	B1 0.1972	B2 0.1972	B3 0.1416	B4 0.2772	B5 0.0979	B6 0.0979	层次总权重
C3	0.1232252						0.0243
C4	0.1384381						0.0273
C5	0.2763692						0.0545
C6		0.2819473					0.0556
C7		0.2413793					0.0476
C8		0.1713996					0.0338
C9		0.2819473					0.0556
C10			0.1250000				0.0177
C11			0.1899718				0.0269
C12			0.1468927				0.0208
C13			0.1221751				0.0173
C14			0.4159605				0.0589
C15				0.1428571			0.0396
C16				0.1428571			0.0396
C17				0.1428571			0.0396
C18				0.2857143			0.0792
C19				0.2857143			0.0792
C20					0.3329928		0.0326
C21					0.3329928		0.0326
C22					0.3329928		0.0326
C23						0.4994893	0.0489
C24						0.2502554	0.0245
C25						0.2502554	0.0245

4. 总排序的一致性检验

一致性指标 CI 为：

$$CI = \sum_{i=1}^{6} W_i CI = 0.1972 \times 0.0131 + 0.1972 \times 0.0228 + 0.1416 \times 0.0397$$
$$+ 0.2772 \times 0.0000 + 0.0979 \times 0.0000 + 0.0979 \times 0.0000 = 0.0127$$

平均一致性指标 RI 为：

$$RI = \sum_{i=1}^{6} W_i RI = 0.1972 \times 1.12 + 0.1972 \times 1.35 + 0.1416 \times 0.54 + 0.2772 \times 0.54$$
$$+ 0.0979 \times 0.54 + 0.0979 \times 0.54 = 0.8199$$

一致性比例 CR 为：

$$CR = CI/RI = 0.0127/0.8199 \approx 0.02 < 0.1$$

所以整体指标符合一致性检验，最后的指标体系有效。

根据各指标权重的计算结果，按照四舍五入取整原则，同时考虑实际操作的便利性，对各指标权重进行了一定的调整，结果见表 4.10。

表 4.10　　　　　　江西省水生态文明县评价指标权重表

目 标 层	准 则 层	指 标 层 及 权 重
江西省水生态文明县	水安全 20%	病险水库、水闸除险加固率 5%
		城镇生活供水保障率 4%
		工业供水保障率 3%
		农业灌溉保障情况 3%
		备用水源地建设情况 5%
	水环境 20%	城镇生活污水集中处理率 5%
		排污口达标排放率 5%
		规范化养殖 4%
		饮用水水源地保护 6%
	水生态 15%	水土流失治理率 2%
		生态需水保障 4%
		水域面积比例 2%
		城市绿化覆盖率 2%
		水系连通率 5%
	水管理 25%	水资源监控覆盖率 4%
		水利工程设施完好率 4%
		管理体制机制 4%
		三条红线考核达标情况 6%
		河长制实施情况 7%
	水景观 10%	水利风景区建设 4%
		亲水空间的多样性 3%
		滨岸带景观建设与观赏游憩价值 3%
	水文化 10%	水文化宣传情况 5%
		水生态文明知识普及率 2%
		公众对水生态文明建设的满意度 3%

5. 评分值设定

江西省水生态文明县评价的赋分标准以总分 100 分计，则各项评价内容赋分为：水安全体系评价 20 分、水环境体系评价 20 分、水生态体系评价 15 分、水管理体系评价 25 分、水景观体系评价 10 分、水文化体系评价 10 分。江西省水生态文明县评价指标评分值详见表 4.11。

表 4.11 江西省水生态文明县评价指标评分值

目标层	准则层	指 标 层	评分值
江西省水生态文明县	水安全（20分）	病险水库、水闸除险加固率	5分
		城镇生活供水保障率	4分
		工业供水保障率	3分
		农业灌溉保障情况	3分
		备用水源地建设情况	5分
	水环境（20分）	城镇生活污水集中处理率	5分
		排污口污水排放达标率	5分
		规范化养殖	4分
		饮用水水源地保护	6分
	水生态（15分）	水土流失治理率	2分
		生态需水保障	4分
		水域面积比例	2分
		城市绿化覆盖率	2分
		水系连通率	5分
	水管理（25分）	水资源监控覆盖率	4分
		水利工程设施完好率	4分
		管理体制机制	4分
		三条红线考核达标情况	6分
		河长制实施情况	7分
	水景观（10分）	水利风景区建设	4分
		亲水空间的多样性	3分
		滨岸带景观建设与观赏游憩价值	3分
	水文化（10分）	水文化宣传情况	5分
		水生态文明知识普及率	2分
		公众对水生态文明建设的满意度	3分

4.1.2 评分标准的确定

水生态文明评价指标标准的确定是水生态文明评价的关键，目前采用的主要方法如下：①国内水生态文明评价指标体系研究已有的、较规范的标准；②国际、国家、地方或行业的有关水生态文明的相关标准、规范；③参考国家城市发展指导性政策；④专家咨询。

结合评价标准确定方法，确定水生态文明县评分标准（表4.12）。

表4.12　江西省水生态文明县评价指标评分标准

准则层	序号	指标层	评分标准	依据
水安全	1	病险水库、水闸除险加固率	≥90%得5分，80%~90%得3分，70%~80%得1分，70%以下不得分	专家咨询
	2	城镇生活供水保障率	≥97%得4分，90%~97%得2分，低于90%不得分	《室外给水设计规范》（GB 50013—2006），专家咨询
	3	工业供水保障率	≥90%得3分，低于90%不得分	专家咨询
	4	农业灌溉保障情况	农业灌溉水源有效保障，农田灌溉水质达标，得3分；有一项不达标，扣1分	专家咨询
	5	备用水源地建设情况	有备用水源或应急水源，且具备完善的饮用水源地环境应急机制和能力，得5分；其余不得分	《江西省水污染防治工作方案》
	6	城镇生活污水集中处理率	≥90%，得5分；80%~90%得3分；80%分以下不得分	文献（崔东文，2014；王丹，2015）
	7	排污口污水排放达标率	达到100%，得5分；80%~90%，得3分；80%以下不得分	《江西省入河排污口监督管理实施细则》
水环境	8	规范化养殖	库区水体及周边地区养殖行为达到规范化要求（饮用水源地、禁养区水体及水库及周边地区禁止承包养殖、网箱养殖，非饮用水源地，限养区，适养水库，实行人放天养，禁止肥水养殖；禁止畜禽粪便和污水直接向水体等环境排放），得4分；每发现1处达不到要求，扣1分，扣完为止	《江西省渔业条例》《关于规范水库养殖行为的指导意见的通知》（赣府厅字〔2013〕94号）
	9	饮用水水源地保护	饮用水源地划定保护区，达到《饮用水水源保护区污染防治管理规定》中的保护标准，指示牌和保护宣传牌等措施完备，得6分；有一项未达到要求扣2分	《饮用水水源保护区污染防治管理规定》

续表

准则层	序号	指标层	评分标准	依据
水生态	10	水土流失治理率	水土流失治理率≥85%，得2分；75%~85%，得1分；低于75%不得分	文献（杨柳，2016；陈璞，2014）
	11	生态需水保障	枯水期最小流量满足河道、湖泊最小生态需水量，得4分；主要河流不断流、湖泊不干涸，得2分	专家咨询
	12	水域面积比例	≥15%，得2分；10%~15%，得1分；低于10%，不得分	专家咨询
	13	城市绿化覆盖率	≥42%，得2分；37%~42%，得1分；低于37%，不得分	《山东省水生态文明城市评价标准》（DB37/T 2172—2012）
	14	水系连通率	达到100%，得5分；每降低10%扣2分	文献（王献辉等，2012）
	15	水资源监控覆盖率	对工业等用水户有监控能力和监控办法，覆盖率≥90%，得4分；80%~90%，得2分；低于80%不得分	专家咨询
	16	水利工程设施完好率	堤坝、水闸等水利工程设施无水毁、损坏现象，完好率100%得4分；90%以上得2分；90%以下不得分	《江西省水利工程条例》（2009）
水管理	17	管理体制机制	涉水管理机构健全、制度完备，人员配备合理，得4分；有一项不达标扣2分	《江西省水生态文明建设五年（2016—2020年）行动计划》
	18	三条红线考核达标情况	用水总量、用水效率及水功能达标率等三个控制指标均达到考核要求，得6分；其中一项指标未达到考核要求的扣2分	《国务院关于实行最严格水资源管理制度的意见》
	19	河长制实施情况	河长制工作考核结果为优秀的，得7分；考核结果为合格的，得4分；考核结果不合格的，不得分	《江西省河长制工作考核问责办法》

续表

准则层	序号	指标层	评 分 标 准	依 据
水景观	20	水利风景区建设	有 1 处国家级水利风景区或者 2 处省级水利风景区，得 4 分，1 处省级水利风景区，得 2 分	专家咨询，《山东省水生态文明城市评价标准》（DB37/T 2172—2012）
	21	亲水空间的多样性	亲水设施种类 3 种以上，且安全防护措施完备，得 3 分，每减少 1 种，扣 1 分；发现 1 处安全防护措施不完备，扣 1 分	《山东省水生态文明城市评价标准》（DB37/T 2172—2012）
	22	滨岸带景观建设与观赏游憩价值	水域及周边自然环境优美，人文特色显著及整体景观效果好，得 3 分；缺少一项扣 1 分	专家咨询，《山东省水生态文明城市评价标准》（DB37/T 2172—2012）
水文化	23	水文化宣传情况	在校园开展科普课程，定期组织社会力量开展水文化宣传活动，充分挖掘和保护水历史文化，得 5 分；缺少一项扣 2 分	专家咨询，《江西省水利厅关于加快推进水生态文明建设的指导意见》
	24	水生态文明知识普及率	≥90%得 2 分，每减少 10%扣 1 分，扣完为止	文献（汪伦焰等，2016），《江西省水利厅关于加快推进水生态文明建设的指导意见的通知》
	25	公众对水生态文明建设的满意度	公众对水生态文明建设的满意度≥80%，得 3 分；每降低 10%，扣 1 分。	专家咨询

4.2 水生态文明乡（镇）评价方法

4.2.1 评价指标权重的确定

参考江西省水生态文明县权重计算方法，计算得出江西省水生态文明乡（镇）评价指标体系中各指标的权重系数，结果见表 4.13，评分值见表 4.14。

表 4.13　江西省水生态文明乡（镇）评价指标权重系数计算结果

指标代号	B1 0.2448	B2 0.2448	B3 0.1391	B4 0.1279	B5 0.1015	B6 0.1420	层次总权重
C1	0.2500						0.0612
C2	0.1250						0.0306
C3	0.2500						0.0612
C4	0.2500						0.0612
C5	0.1250						0.0306
C6		0.1671					0.0409
C7		0.1671					0.0409
C8		0.1528					0.0374
C9		0.1222					0.0299
C10		0.1846					0.0452
C11		0.1025					0.0251
C12		0.1037					0.0254
C13			0.3333				0.0464
C14			0.3333				0.0464
C15			0.3333				0.0464
C16				0.3333			0.0426
C17				0.3333			0.0426
C18				0.3333			0.0426
C19					0.3333		0.0338
C20					0.6667		0.0676
C21						0.2500	0.0355
C22						0.5000	0.0710
C23						0.2500	0.0355

129

表 4.14　　　　　　江西省水生态文明乡（镇）评价指标评分值

目标层	准则层	指　标　层	评分值
江西省水生态文明乡（镇）	水安全（24分）	防洪除涝工程达标率	6分
		病险水库、水闸除险加固率	3分
		城镇生活供水保障率	6分
		集中式饮用水水源水质达标率	6分
		农业灌溉保障情况	3分
	水环境（24分）	城镇生活污水集中处理率	4分
		城镇生活垃圾无害化处理率	4分
		畜禽养殖污染治理情况	3分
		农药、化肥施用量增长率	3分
		河道湖泊管理	4分
		规范化养殖	3分
		排污口达标排放率	3分
	水生态（15分）	水系连通率	5分
		生态需水保障	5分
		水土流失治理率	5分
	水管理（12分）	水利工程管理到位率	4分
		水利工程设施完好率	4分
		水生态文明组织机构与制度建设情况	4分
	水景观（10分）	亲水场地数量	3分
		水景观类型	7分
	水文化（15分）	中小学节水教育普及率	4分
		水文化宣传情况	7分
		公众参与程度	4分

4.2.2　评分标准的确定

　　江西省水生态文明乡（镇）评价指标评分标准的确定以国内标准、国际标准、发展规划、水生态文明相关研究成果或专家咨询为依据。结合评价标准确定方法，确定水生态文明乡（镇）评价标准（表 4.15）。

130

表 4.15　江西省水生态文明乡（镇）评价指标评分标准

准则层	序号	指标层	评 分 标 准	依 据
水安全	1	防洪除涝工程达标率	≥90%得6分，每减少10%扣1分，扣完为止	专家咨询
	2	病险水库、水闸除险加固率	≥90%得3分，每减少10%扣1分，扣完为止	专家咨询
	3	城镇生活供水保障率	100%得6分，每减少5%扣1分，扣完为止	专家咨询
	4	集中式饮用水水源达标率	≥95%得6分，每减少5%扣1分，扣完为止	文献（王丹，2015），《生活饮用水卫生标准》（GB 5749—2006）
	5	农业灌溉保障情况	农业灌溉水源有效保障，农田灌排渠系完整目畅通，得3分；有一项不达标，扣1分	《农田灌溉水质标准》（GB 5084—2005）；专家咨询
	6	城镇生活污水集中处理率	≥90%得4分，每减少10%扣1分，扣完为止	文献（崔东文，2014；王丹，2015）
	7	城镇生活垃圾无害化处理率	≥95%得4分，每减少5%扣0.5分，扣完为止	"十三五"全国城镇生活垃圾无害化处理设施建设规划
水环境	8	畜禽养殖污染治理情况	禁养区内无畜禽规模养殖，得1分；畜禽规模养殖场建有配套的粪污处理与利用设施得1分，正常运行得1分	江西省人民政府办公厅《关于加强畜禽养殖污染治理工作的实施意见》（赣府厅发〔2014〕36号）
	9	农药、化肥施用量增长率	农药、化肥施用量零增长，得3分；每增加5%扣1分，扣完为止	《关于推进绿色生态农业十大行动的意见》（赣府厅发〔2016〕17号）
	10	河道湖泊治管理	推行河长制，得1分；建立了河长制管理机构、设立河道管理岗位，得1分；有河长制公示牌，得1分；河道管理岗位、无非法采砂、河道淤积、裁弯取直、违规建设等现象，得1分	《江西省实施"河长制"工作方案》
	11	规范化养殖	库区水体及周边水库养殖行为达到规范化要求（饮用水源地、禁养区水体及水库及周边养殖地；限养水源地、适养水库），实行人放天养，禁止化肥养鱼、网箱养殖；非法投肥养殖；禁止畜禽粪便和污水直接排向水体等环境要求，得3分；每发现1处达不到要求，扣1分，扣完为止	《江西省渔业条例》《关于规范水库养殖行为的通知》（赣府厅字〔2013〕94号）

续表

准则层	序号	指标层	评 分 标 准	依 据
水环境	12	排污口达标排放率	全部达标得3分，每减少10%扣1分，扣完为止	《江西省入河排污口监督管理实施细则》
	13	水系连通率	100%得5分，每减少10%扣1分，扣完为止	文献（王献辉等，2012）
水生态	14	生态需水保障	正常年份所有河道能保持不断流，不干涸5分；每发现1处扣2分，扣完为止	文献（杨柳，2016）
	15	水土流失治理率	≥85%得5分，每减少5%扣0.5分，扣完为止	文献（杨柳，2016；陈璞，2014）
水管理	16	水利工程管理到位率	堤坝、水闸等水利工程设施是否有人管理，到位率100%，得4分，每减少10%扣1分，扣完为止	《江西省水利工程条例》（2009）
	17	水利工程设施完好率	堤坝、水闸等水利工程设施无水毁、损坏现象，完好率100%，得4分，每减少10%扣1分，扣完为止	《江西省水利工程条例》（2009）
	18	水生态文明组织机构与制度建设情况	成立专门的水生态文明乡（镇）建设工作领导小组，得2分；制定详细的相关制度与规范，得2分	《江西省水生态文明建设五年（2016—2020年）行动计划》
水景观	19	亲水场地数量	亲水场地不少于3处，得3分，每减少1处扣1分，扣完为止	专家咨询
	20	水景观类型	有2种以上水景观类型得3分；有1处以上省级水利风景区得4分	文献（杨柳，2016）
水文化	21	中小学节水教育普及率	≥85%得4分，每减少20%扣1分，扣完为止	文献（汪伦焰，等，2016）
	22	水文化宣传情况	有水生态文明宣传栏，得1分；水生态文明建设媒体宣传报道次数不少于2次，得2分；凝练出水生态文明建设宣传标语并宣传，得2分；定期评选水生态文明建设模范家庭或标兵，得2分	《江西省水利厅关于加快推进水生态文明建设的指导意见》
	23	公众参与程度	参与率≥80%得4分，每减少10%扣1分，扣完为止	专家咨询

4.3　水生态文明村评价方法

4.3.1　评价指标权重的确定

参考江西省水生态文明县权重计算方法，计算得出江西省水生态文明村评价指标体系中各指标权重系数，结果见表4.16，评分值见表4.17。

表4.16　　　江西省水生态文明村评价指标权重系数计算结果

指标代号	B1 0.2196	B2 0.2767	B3 0.1569	B4 0.1098	B5 0.0987	B6 0.1384	层次总权重
C1	0.2857						0.0627
C2	0.2857						0.0627
C3	0.2857						0.0627
C4	0.1429						0.0314
C5		0.1653					0.0457
C6		0.1112					0.0308
C7		0.1653					0.0457
C8		0.1653					0.0457
C9		0.1653					0.0457
C10		0.0827					0.0229
C11		0.1449					0.0401
C12			0.4000				0.0628
C13			0.2000				0.0314
C14			0.4000				0.0628
C15				0.2500			0.0274
C16				0.2500			0.0274
C17				0.5000			0.0549
C18					0.3333		0.0329
C19					0.6667		0.0658
C20						0.2000	0.0277
C21						0.4000	0.0553
C22						0.2000	0.0277
C23						0.2000	0.0277

表 4.17　　　　　　　　江西省水生态文明村评价指标评分值

目标层	准则层	指　标　层	评分值
江西省水生态文明村	水安全（21分）	防洪除涝工程达标率	6分
		饮用水水质达标情况	6分
		农村生活供水保障率	6分
		农业灌溉保障情况	3分
	水环境（29分）	农村生活污水集中处理率	5分
		农村生活垃圾无害化处理率	3分
		畜禽养殖污染治理情况	5分
		农药、化肥施用量增长率	5分
		农田排水水质达标情况	5分
		河道湖泊管理	2分
		规范化养殖	4分
	水生态（15分）	水库、山塘、门塘水系连通率	6分
		生态需水保障	3分
		水土流失治理率	6分
	水管理（11分）	水利工程管理到位率	3分
		水利工程设施完好率	3分
		农业节水技术使用情况	5分
	水景观（10分）	亲水场地建设	3分
		亲水景观建设与观赏游憩价值	7分
	水文化（14分）	水生态文明知识普及率	3分
		水文化宣传情况	5分
		水文化挖掘与保护	3分
		公众参与程度	3分

4.3.2　评价标准的确定

江西省水生态文明村评价指标评分标准的确定以国内标准、国际标准、发展规划、水生态文明相关研究成果或专家咨询为依据。结合评价标准确定方法，确定水生态文明村评分标准（表 4.18）。

表 4.18　江西省水生态文明村村评价指标评分标准

准则层	序号	指标层	评 分 标 准	依 据
水安全	1	防洪除涝工程达标率	≥90%得6分，每减少10%扣1分，扣完为止	专家咨询
	2	饮用水水质达标情况	水质达到优于《地表水环境质量标准》（GB 3838—2002）III类标准；地下水饮用水质达到或优于《地下水质量标准》（GB/T 14848—93）III类标准得6分，否则不得分	《地表水环境质量标准》（GB 3838—2002）；《地下水质量标准》（GB/T 14848—93）
	3	农村生活供水保障率	保障率100%得6分，每减少5%扣1分，扣完为止	专家咨询
	4	农业灌溉保障情况	农业灌溉水源有效保障，得3分；农田灌排渠系完整畅通，农田灌溉水达标，得1分；有一项不达标，扣1分	《农田灌溉水质标准》（GB 5084—2005）专家咨询
	5	农村生活污水集中处理率	≥90%得5分，每减少10%扣1分，扣完为止	文献（崔东文等，2014；王丹，2015）
	6	农村生活垃圾无害化处理率	≥95%得3分，每减少5%扣0.5分，扣完为止	"十二五"全国城镇生活垃圾无害化处理设施建设规划
	7	畜禽养殖污染治理情况	禁养区内无畜禽规模养殖场，得2分；畜禽规模养殖场建有配套的粪污处理与利用设施得1分，正常运行得2分。	江西省人民政府办公厅《关于加强畜禽养殖污染治理工作的实施意见》（赣府厅发〔2014〕36号）
	8	农药、化肥施用量增长率	农药、化肥施用量零增长得5分，每增加5%扣1分，扣完为止	《关于推进绿色生态农业十大行动的意见》（赣府厅发〔2016〕17号）
水环境	9	农田排水水质达标情况	农田排水水质符合受纳水域要求，得5分，否则不得分	《地表水环境质量标准》（GB 3838—2002）
	10	河道湖泊管理	推行河长制，得0.5分；建立河长制管理机制，得0.5分；河道管理到位，无非法采砂、河道淤积、违规建设等现象，得0.5分；有河长制公示牌，得0.5分；裁弯取直，违规建设等现象，得0.5分	《江西省实施"河长制"工作方案》
	11	规范化养殖	库区水体及周边地区养殖行为达到规范化要求（饮用水水源地，禁养水体及水库及周边地区禁止承包养殖、网箱养殖；非饮用水水源地、限养区、适养区的水库，禁止人放天养，实行人放天养，禁止畜禽粪便和污水直接向水体等环境排放），得4分，每发现1处达不到要求，扣2分，扣完为止	《江西省渔业条例》《关于规范水库养殖行为的通知》（赣渔字〔2013〕94号）《加强水库水质保护指导意见》

续表

准则层	序号	指标层	评 分 标 准	依 据
水生态	12	水库、山塘、门塘水系连通率	100%得6分，每减少10%扣1分，扣完为止	文献（王献辉等，2012）
	13	生态需水保障	正常年份所有河道能保持不断流，不干涸得一处扣1分，扣完为止	文献（杨柳，2016）
	14	水土流失治理率	≥85%得6分，每减少5%扣1分，扣完为止	文献（杨柳，2016；陈璞，2014）
	15	水利工程管理到位率	堤坝、水闸等水利工程设施是否有人管理，到位率100%，得3分，每减少10%扣1分，扣完为止	《江西省水利工程条例》（2009）
水管理	16	水利工程设施完好率	堤坝、水闸等水利工程设施无水毁、损坏现象，完好率100%，得3分，每减少10%扣1分，扣完为止	《江西省水利工程条例》（2009）
	17	农业节水技术使用情况	使用微灌、喷灌、滴灌等节水技术得5分，否则不得分	专家咨询
	18	亲水场地建设	村庄内建有亲水场地（水上汀步、水边踏步、平台、戏水池、喷泉等）得3分，否则不得分	专家咨询
水景观	19	亲水景观建设与观赏游憩价值	村庄内建有水景观工程（包括风景河道、漂流河段、湖泊（水库）、瀑布、泉、喷泉、水利风景区、湿地公园、景观拦河坝、人工湿地、生态沟塘）得4分，水景观工程观赏游憩价值高，得3分	专家咨询
	20	水生态文明知识普及率	≥90%得3分，每减少10%扣1分，扣完为止	文献（汪伦焰等，2016）
水文化	21	水文化宣传情况	有水文化宣传员得1分，有水文化宣传栏得1分，有村落特色水文化宣传标语得2分，有爱水护水模范语1分	《江西省水利厅关于加快推进水生态文明建设的指导意见的通知》
	22	水文化挖掘与保护	有文化保护机构，文化建筑保护好得1分，发掘出一项保护完好的水利遗产得2分	文献（杨柳，2016）、专家咨询
	23	公众参与程度	参与率≥80%得3分，每减少10%扣1分，扣完为止	专家咨询

4.4　水生态文明评价模型

$$B=B1+B2+B3+B4+B5+B6$$

式中：B 为总体评价分；$B1$ 为水安全体系评价分；$B2$ 为水环境体系评价分；$B3$ 为水生态体系评价分；$B4$ 为水管理体系评价分；$B5$ 为水景观体系评价分；$B6$ 为水文化体系评价分。

通过实例应用分析，并结合专家意见，总体评价分达到 80 分及以上，可评为江西省水生态文明县、乡（镇）、村。

4.5　江西省水生态文明建设评价系统

4.5.1　评价系统设计界面

江西省水生态文明建设评价系统主要包括 4 个方面，分别为评价体系、指标分级与评分、评价结果与评价结果输出，通过这 4 个方面的模块进行江西省水生态文明建设评价工作与评价结果管理。

4.5.1.1　评价体系

系统中提供一个"滚动栏"按钮，供用户选择相应的评价体系，包括"江西省水生态文明县""江西省水生态文明乡（镇）""江西省水生态文明村"三大评价体系。在滚动栏选取相应的评价体系后，系统将在"评价系统"界面区显示该评价体系对应的目标层、准则层以及方案层指标名称以及上下层次关联信息。

如图 4.1 所示，单体滚动栏中的"江西省水生态文明县"菜单，"评价系统"界面区显示该评价体系的目标层为江西省水生态文明县，准则层包含水安全、水环境、水生态、水管理、水景观以及水文化 6 个，6 个准则层包含了其对应的指标。

4.5.1.2　指标分级与评分

系统在功能区中提供了一个"准则匹配"按钮，当用户选择并确认好当前的评价体系时，点击该按钮，在评价系统区指标层指标对应的"状况"栏中出现可供选择的下拉菜单，其选项对应该指标层指标的分级情况，用户依据实际调查情况进行选择，选择后对应的"评分"栏将给予对应的评价分数。

如图 4.2 所示，对指标层"病险水库、水闸除险加固率"指标进行评价，指标状况选择≥90％，指标评分为 5 分。

图 4.1　江西省水生态文明建设评价系统

图 4.2　江西省水生态文明建设评价指标分级与评分

4.5.1.3　评价结果

　　用户依据实际调查情况，将该评价体系下所有指标层指标的状况选择完毕并确认好评分情况后，点击功能区的"评分"按钮，系统将在评价系统区的评分栏中给予指标层对应的准则层与目标层的总体评分情况，并在功能区中显示目标层的总体评分与评价结果。

如图4.3所示，指标层指标状况选择完毕后，点击评分按钮，系统给出准则层的评分分别为：水安全15分、水环境20分、水生态14分、水管理25分、水景观10分、水文化8分，系统给出的目标层评分为92分，评价结果为合格。

图4.3　江西省水生态文明建设评价结果

4.5.1.4　评价结果输出

用户完成评价工作并确认评价过程无误后，点击功能区的"导出指标"按钮，评价系统区的所有结果与功能区的评价结果都将以XML文件格式保存在用户电脑中，方便用户再次查看与修改，具体如图4.4所示。

4.5.2　评价系统应用设备

江西省水生态文明建设评价系统运行设备见表4.19，包括系统运行的硬件环境和软件环境。

表4.19　　　　江西省水生态文明建设评价系统运行设备

硬 件 环 境	软 件 环 境
硬盘：100MB以上剩余空间	Framework 4.0
内存：512MB以上	Windows7/Windows8/Windows10
CPU：2.0GHz以上	Microsoft Visual C++ 2010

图 4.4　江西省水生态文明建设评价结果输出

第5章

水生态文明建设与评价应用案例

5.1 水生态文明县建设与评价应用案例——以莲花县为例

莲花县位于江西省萍乡市，是禾水的源头区。境内水系发达，河流众多，水资源丰富，全县境内流域面积 10km² 以上的河流有 48 条，中小型水库 35 座。丰富的水资源孕育了莲花县优美的生态环境，全县森林覆盖率达 67%，是全国文明县城，也是省水土保持监督管理能力建设先进县之一、"江西生态文明十佳示范县"候选县（市、区）之一。2014 年 11 月，莲花县被确定为江西省首批水生态文明试点县。2015 年 3 月，莲花县运用本书成果，制定了《莲花县水生态文明建设试点实施方案》，并以问题为导向，围绕水安全、水环境、水生态、水管理、水景观和水文化六大体系开展水生态文明建设试点工作。通过三年试点建设，莲花县水生态文明水平取得明显提升，实现了"河畅、水清、岸绿、景美"的水生态文明建设目标。因此，选择莲花县作为案例进行水生态文明县建设与评价运用研究，可为其他县水生态文明建设提供经验和借鉴。

5.1.1 莲花县概况

1. 区域概况

莲花县位于江西省西部，萍乡市南部，地处罗霄山脉中段，属山地丘陵地区，地势东北西三面高，中部和南部低，四周山岭环绕，县境地处东经 113°46′~114°09′、北纬 26°57′~27°27′，东北与安福县接壤，东南与永新县毗邻，西南与湖南省茶陵县、攸县相连，北面与芦溪县交界，南北长约 58km，东西宽约 38km，面积 1062km²。莲花县总人口 26 万人，其中农业人口 21.8 万人，辖 5 镇、8 乡、1 个垦殖场，即琴亭镇、坊楼镇、良坊镇、路口镇、升坊镇、高洲乡、六市乡、南岭乡、荷塘乡、神泉乡、三板桥乡、湖上乡、闪石乡、海潭垦殖场，下辖 157 个行政村、2 个社区。

2. 气候环境

莲花县属亚热带季风湿润气候，光照充足，雨量充沛，四季分明，气候温和，多年平均气温 17.5℃。无霜期平均 284d，多年平均降雨量 1600～1700mm，多年平均日照时数为 1697.4h，多年平均蒸发量为 1357.4mm；多年平均相对湿度为 81.2%，最大风速 16.0m/s。

3. 河流水系

莲花县境内河溪纵横，水系发育，赣江主要支流禾水流经县内的流域面积 969km²，占全县面积的 91.2%，是县境内的主要河流；另有 93km² 属渌水流域，占全县面积的 8.8%。境内流域面积 10km² 以上的河流有 48 条，50km² 以上的河流有禾水、坊楼水、湖上水、湖上水、雨村水、云溪河、玉带溪等 6 条。

（1）禾水。禾水莲花段（莲江）为禾水上游河段，系赣江一级支流，发源于武功山南麓的莲花县高洲乡东北部塘坳里，河源位于东经 114°01′、北纬 27°24′，自北向南流经莲花县的高洲乡、坊楼镇、南岭乡、良坊镇、琴亭镇、升坊镇，于碤山口向东出境入永新县。区内集水面积 969km²，河道长度 69.4km。禾水莲花段水系发达，河网密布，年降水量 1561.4mm，年径流量 8.85 亿 m³，年蒸发量 880mm，河谷狭窄，河槽多呈 V 形，河床多岩石、砾石。流域内林木茂密，植被覆盖率 67.2%，主要一级支流有坊楼水，长 28km；湖上水，长 22.3km；雨村水，长 31km；云溪河，长 23.3km。2015 年禾水流域总人口 21.2 万人，耕地面积 10979hm²。

（2）坊楼水。坊楼水系赣江二级支流，禾水一级支流，发源于莲花县六市乡东部的上水村，河源位于东经 113°56′、北纬 27°24′，由北向南再折向东南流，经六市乡的海潭、清水、罗市、坊楼，于坊楼镇的树下村从右岸注入禾水（莲江）。莲花县境内集水面积 102km²，河道长度 27.7km。

（3）湖上水。湖上水系赣江二级支流，禾水一级支流，发源于莲花县闪石乡西北部的深坳村，河源位于东经 114°01′、北纬 27°22′，由东北向西南流，经莲花县闪石乡的龙家田、闪板桥、湖上、湖上乡的茶背冲，于坊楼镇的小江村从左岸注入禾水。莲花县境内集水面积 124km²，河道长度 22.3km。

（4）雨村水（白马水）。雨村水系赣江二级支流，禾水一级支流，发源于荷塘乡寒山村白竹洲，河源位于东经 113°48′、北纬 27°05′，由西向东流经白竹、寒山、安全、花塘等乡村，在莲花县城南部的漫坊桥汇入禾水。莲花县境内集水面积 163km²，河道长度 29.4km。

（5）云溪河（神泉水）。云溪河系赣江二级支流，禾水一级支流，发源于莲花县神泉乡棋盘山西部的毛葱坡，河源位于东经 113°48′、北纬 27°05′，由西向东流，经莲花县神泉乡的油罗石、永坊、大湾、楼梯磴水库、坪里乡的瑶口、大沙洲，于莲花县升坊镇的云陂洲从右岸注入禾水。莲花县境内集水面积 129km²，河道长度 23.3km。

（6）玉带溪（下坊水）。玉带溪系赣江二级支流，禾水一级支流，发源于白沙，由东向西流经闪石乡、湖上乡、良坊镇、坊楼镇，在高垅向西南折转，于金家村附近汇入禾水。莲花县境内面积 79.2km²，主河道长 17.8km。

4. 水资源现状

2016 年，莲花县降水总量 19.14 亿 m³，水资源总量为 13.19 亿 m³。全年总供水量与总用水量持平，为 0.81 亿 m³，总耗水量 0.41 亿 m³，综合耗水率 48.2%。

2016 年，莲花县人均用水量为 334m³，万元 GDP 用水量 135m³，万元工业增加值用水量 59m³（含火电），不含火电 62m³。农田灌溉亩均用水量 418m³，农田灌溉水有效利用系数 0.495，城镇居民人均生活用水量每日 148L；废污水排放量 1663 万 t（不含发电和矿坑排水），矿坑排水 10 万 t，全县入河废污水量 1330 万 t。

5.1.2 莲花县试点建设前水生态文明状况

莲花县水生态文明试点建设期为 2014—2016 年，为了保证数据齐全，本书对莲花县 2012 年水生态文明状况进行了评价，评价结果详见表 5.1。总体来看，莲花县自然生态良好，水资源较丰富，河流水环境状况总体良好，水资源管理工作稳步推进；但由于水生态文明建设尚未开展，各种工程与非工程建设没有形成系统，水生态文明理念还未普及。对照本书成果，对莲花县 2012 年水生态文明状况进行评价，综合得分 43 分，低于合格标准（80 分）。

表 5.1 莲花县水生态文明试点建设前现状评价

准则层	指标层	评 分 标 准	建 设 现 状	评分
水安全	病险水库、水闸除险加固率	≥90%得 5 分，80%～90%得 3 分，70%～80%得 1 分，70%以下不得分	水库除险加固基本完成或已规划	5
	城镇生活供水保障率	≥97%得 4 分，90%～97%得 2 分，低于 90%不得分	城区生活供水保证率低于 90%	0
	工业供水保障率	≥90%得 3 分，低于 90%不得分	仅能满足重点工业发展	0
	备用水源地建设情况	有备用水源或应急水源，且具备完善的饮用水水源地环境应急机制和能力，得 5 分；其余不得分	无备用水源或应急水源	0

续表

准则层	指标层	评分标准	建设现状	评分
水安全	农业灌溉保障情况	农业灌溉水源有效保障、农田灌排渠系完整且畅通、农田灌溉水水质达标,得3分;有一项不达标,扣1分	基本能满足农业灌溉要求	2
水环境	城镇生活污水集中处理率	≥90%,得5分;80%～90%得3分;80%分以下不得分	城镇生活污水集中处理率为83.4%	3
	排污口污水排放达标率	达到100%,得5分;80%～90%,得3分;80%以下不得分	莲江和白马河存在少量市政污水排污口和工矿企业排污口	3
	规范化养殖	库区水体及周边地区养殖行为达到规范化要求,得4分,每发现1处达不到要求,扣1分,扣完为止	未实现生态养殖	0
	饮用水水源地保护	饮用水水源地划定保护区、达到保护标准,指示牌和保护宣传牌等措施完备,得6分;有一项未达到要求扣2分	已经划定白马河饮用水水源地保护区,制定了相应的保护措施	6
水生态	水土流失治理率	水土流失治理率≥85%,得2分;75%～85%,得1分;低于75%不得分	水土流失治理率为75%	1
	生态需水保障	枯水期最小流量满足河道、湖泊最小生态需水量,得4分;主要河流不断流,湖泊不干涸,得2分	枯水期最小流量满足河道、湖泊最小生态需水量	4
	水域面积比例	≥15%,得2分;10%～15%,得1分;低于10%,不得分	莲花县境内河溪纵横,水系发育,城区及城乡结合部适宜水面率达到8%～10%	1
	城市绿化覆盖率	≥42%,得2分;37%～42%,得1分;低于37%,不得分	城市绿化覆盖率35.61%	0
	水系连通率	达到100%,得5分;每降低10%扣2分	基本实现水系连通	5
水管理	水资源监控覆盖率	对工业等取水户有监控能力和监控办法,覆盖率≥90%,得4分;80%～90%,得2分;低于80%不得分	水资源监控断面设置较少,覆盖率81%	2

续表

准则层	指标层	评分标准	建设现状	评分
水管理	水利工程设施完好率	堤坝、水闸等水利工程设施无水毁、损坏现象，完好率100%得4分；90%以上得2分；90%以下不得分	水利工程设施基本完好	4
	管理体制机制	涉水管理机构健全、制度完备、人员配备合理，得4分；有一项不达标扣2分	涉水管理机构健全、制度基本完备、人员配备合理	2
	三条红线考核达标情况	用水总量、用水效率及水功能达标率等三个控制指标均达到考核要求，得6分；其中一项指标未达到考核要求的扣2分	用水效率过低	4
	河长制实施情况	河长制工作考核结果为优秀的，得7分；考核结果为合格的，得4分；考核结果不合格的，不得分	未开展	0
水景观	水利风景区建设	有1处国家级水利风景区或者2处省级水利风景区，得4分；1处省级水利风景区，得2分	水利风景区建设相对落后	0
	亲水空间的多样性	亲水设施种类3种以上，且安全防护措施完备，得3分；每减少1种，扣1分；发现1处安全防护措施不完备，扣1分	亲水设施单一	1
	滨岸带景观建设与观赏游憩价值	水域及周边自然环境优美、人文特色显著及整体景观效果好，得3分；缺少一项扣1分	景观效果一般	
水文化	水文化宣传情况	在校园开展科普课程，定期组织社会力量开展水文化宣传活动，充分挖掘和保护水历史文化，得5分；缺少一项扣2分	未开设校园开展科普课程，未挖掘和保护水历史文化，文化宣传力度不足	0
	水生态文明知识普及率	≥90%得2分，每减少10%扣1分，扣完为止	普及率50%	0
	公众对水生态文明建设的满意度	公众对水生态文明建设的满意度≥80%，得3分；每降低10%，扣1分	满意度为40%	0
合　计				43

莲花县水生态文明程度不高主要有以下两方面的原因：一方面是客观因素的影响，由于水利部于2013年才提出建设水生态文明城市，并启动全国水生

态文明试点工作，因此莲花县 2012 年水生态文明水平程度低是符合实际情况
的；另一方面是主观因素的影响，由于经济相对落后，莲花县对备用水源地建
设、城镇生活污水和工业废水治理、水土流失治理、河湖管理、水景观建设等
方面重视不够，忽视了这些工作的重要性，导致相关指标未达到水生态文明
标准。

结合莲花县水生态文明实际和各指标得分情况，2012 年莲花县水生态文
明建设存在的主要问题是：①供水保障能力还需提升；②全县节水理念不强，
水资源管理制度不完善，落实不到位；③水环境治理工程相对滞后，水环境质
量有待改善；④全县湿地生境类型多样但分布不均，水生态保护建设力度需加
强；⑤水生态文明理念有待普及，水生态文明制度建设还存在一定的差距；
⑥水景观建设滞后，品牌特色水利风景区匮乏。

5.1.3 莲花县水生态文明建设实施方案

莲花县水生态文明建设以"一心二廊"为重点建设内容，即以莲花县中心
城区为核心，打造"两江四岸"和莲江、白马河城市生态长廊，实施莲江及其
主要支流水环境整治，建设主要支流综合治理区。莲花县水生态文明建设从局
部治理向全面建设水生态文明社会转变。助力打造"清风明月芙蓉故里，碧水
青山莲花新城"的莲花县水生态文明特色，充分体现江西省水生态文明建设示
范县的引领示范作用，形成"精彩莲花，魅力绽放"的莲花县水生态文明新
局面。

5.1.3.1 水安全建设

1. 县城区生态防洪工程

融入生态堤防的建设理念，开展县城区生态防洪工程建设，治理漫坊桥至
毛家桥左岸汤渡桥至东门桥、南门桥漫坊桥、升坊桥两岸护堤 15.2km，以及
穿堤建筑物及堤顶公路。将防洪等级提升至 20 年一遇，保护城区面积
12.5km^2，人口 6.5 万人。

2. 供水工程

新建寒山水库 1 座，荷塘乡、琴亭镇等 2 处农村饮水安全工程，逐步提高
农村自来水普及率，保障供水安全。其中，寒山水库工程以供水为主，兼顾灌
溉、防洪和发电等功能；农村饮水安全工程包括取水工程、净水工程、输配水
管网建设等，项目实施后可解决莲花县农村饮水不安全人口 1.75 万人。

5.1.3.2 水环境建设

1. 莲花县城区污水处理厂建设

实施县城污水处理厂二期工程，将污水处理厂规模由目前的 0.75 万 m^3/d
扩建至 1.5 万 m^3/d，主要建设内容包括建设 1 座氧化沟和 1 座二级沉淀池，

以及设备安装和电路安装。建成后将用于服务中心城区，一期、二期总规模为1.5万t/d，总计服务人口将达7万人。

2. 莲花县城区污水管网建设项目

为加快推进污水管网建设步伐，确保污水"排得出去、收得了、处理好"，加强水污染防治，促进污染减排，实施城区污水管网建设工程。实施内容包括"一江两岸"污水管网、勤王路污水管网、永安北路金及康达西路污水管网建设工程，累计新建和改造污水管网13.8km。项目实施后，可有效收集生活污水，改善城区生活环境。

3. 工业园区污水处理厂建设

在工业园区新建1座日处理污水规模5000m³的污水处理厂，污水处理采用改良AAO一体工艺，出水达到《城镇污水处理厂污染物排放标准》（GB 18918—2002）中一级B标准。

4. 城市生活垃圾卫生填埋场建设

选定六市乡马脑下山场为垃圾卫生填埋场场址，建设1座占地219亩的垃圾卫生填埋场，填埋场库容77.8万m³（填埋Ⅰ区13.5万m³，填埋Ⅱ区31.7m³，填埋Ⅲ区32.6万m³），计划总服务年限18年（填埋Ⅰ区4.5年，填埋Ⅱ区8年，填埋Ⅲ区5.5年），日处理垃圾量105t。

5. 莲花县饮用水源保护区白马河流域长曲湾区段环境综合治理

主要治理内容包括：①河道清淤：河道清淤全长2500m，平均宽12m，平均清淤厚度0.5m，工程量共计15000m³，同时对河岸两侧垃圾进行清理；②沿岸绿化：绿化面积20000m²，两岸1.5m绿化带，其中1m为乔木防护带，0.5m为植草混凝土块护岸；驳岸绿化树木、草皮；养护喷灌系统；③沿河村庄垃圾设施：新建垃圾收集池15个和垃圾中转站1座，购置小型垃圾收集车10辆；④警示牌标示设施20个。

5.1.3.3　水生态建设

1. 莲江省级湿地公园

莲江省级湿地公园位于莲花县城东南部，主要包括区域内的莲江及其支流白马河河道湿地，以及周边的森林生态系统和乡村湿地等，总面积为135hm²（含水域），建设5个功能区。

（1）白马河饮用水水源保育区，主要建设项目包括水质保育工程、水质净化工程。

（2）双河口湿地恢复重建区，主要包括湿地生态过滤场建设项目、人工生态浮岛项目、人工湿地的恢复重建湿地花卉园。

（3）邻城湿地休闲区，主要建设项目包括莲江水体优化工程、水质保育工程、人工浮岛构建项目、驳岸改造与建设项目、木栈道、亲水平台与景观亭、休闲文化广场。

（4）湿地宣教展示区，主要包括湿地展示图、湿地博物馆、湿地文化长廊、湿地公园标志性建筑、湿地体验园。

（5）莲江天然湿地保护区，主要建设项目包括水质保育工程、河滩栖息地保护工程。

2. 水土保持重点建设工程

根据《国家水土保持重点建设工程江西省实施规划（2013—2017 年）》，在罗卜冲、石门山、路口、白沙、巨源、下坊、凫村、玉壶山、浯塘、神泉、竹湖等 11 个小流域开展水土保持工程建设，加快水土保持综合治理，改善生态环境和农业生产基本条件，促进经济社会可持续发展。主要实施内容是：规划总治理面积 100km²，包括 11 条小流域。在小流域内营造水保林、经济林、封禁林等小型水利水保工程。

3. 生态需水保障

莲花村原有二陂堰一座，位于莲江和白马河汇合下游约 1km 处，集水面积 725km²，县城两江汇合口以上流域面积 723km²，其中莲江约 560km²，白马河 163km²。现有二陂堰建于 1970 年，多年来垮塌多次，破损严重，堰址现状难以满足重建需求，严重影响农田灌溉要求和河道泄洪能力。为保障人民群众生命财产安全，提高灌溉能力，保障区域防洪安全和粮食安全，促进社会主义新农村建设，支撑经济社会可持续发展，规划实施二陂堰拆除异址重建工程。

5.1.3.4 水管理建设

1. 建立用水总量控制制度

加速推进全县用水总量控制指标分配工作及河流分水方案编制工作，将用水总量控制制度纳入经济社会发展综合评价体系，并与建设项目审批结合。实行严格的取水审批制度，除《取水许可和水资源费征收管理条例》（国务院令460 号）第四条规定的情形外，境内取用地表水和地下水的单位和个人必须依法办理取水许可；加强取水许可监督管理，定期对取水户取用水、节约用水、退水水质情况进行检查，切实做到以水定需、量水而行、因水制宜；严格实行建设项目水资源论证，认真贯彻《取水许可和水资源费征收管理条例》及《取水许可管理办法》（水利部令第 34 号），对因取水、退水使水域达不到水功能区水质标准的，不予批准取水许可，严把取水项目准入关，从源头上加强水资源保护和管理，全县新建、改建、扩建项目需要取水的，必须进行水资源论证，提交建设项目水资源论证报告书，报请县水务部门审查。

2. 建立用水效率控制制度

以全省用水效率控制红线为指导，建立用水效率控制红线，加强用水定额和计划管理。严格节水"三同时"管理，对新建、改建、扩建项目进行节水评估，并要求配套建设节水设施；对违反节水"三同时"的建设项目，责令停止取用水并限期整改。淘汰、关停一批耗水量大、污染重的工矿企业，对取用水较大企业进行专项治理，调整产品结构，革新生产工艺，增设节水设备，加强中水回用，提高工业用水的重复利用率，以点带面、点面结合、整体推进莲花县工业节水建设。积极组织开展节水器具和节水产品的推广和普及工作，政府机关、商场宾馆等公共建筑要全面使用节水型器具，新建、改建、扩建的公共和民用建筑，禁止使用国家明令淘汰的用水器具，引导居民尽快淘汰现有住宅中不符合节水标准的生活用水器具。

3. 建立水功能区限制纳污制度

加强水功能区的管理，强化水功能区水质监测；严格实行入河排污口设置行政许可审批制度，对新建、改建、扩建入河排污口设置的，严格按照《入河排污口监督管理办法》（水利部令第22号）的规定，规范审批，从严管理；以全省水功能区限制纳污控制红线为指导，严格核定水域纳污容量，制定分阶段限制排污总量方案。

4. 建立水资源管理目标责任考核制度

把用水总量、用水效率和水功能区限制纳污"三条红线"作为约束性指标，把"三条红线"指标考核结果作为对莲花县政府及政府班子、主要领导评价的重要依据，调动莲花县政府实行最严格水资源管理制度的积极性；推行河道管理的河长制，或向社会购买公共服务承担河湖管理任务，完善河道保护的相关立牌警示标志等；完善水资源管理投入机制，将水资源管理经费纳入政府财政预算，保障水资源节约、保护和管理工作经费，对水资源管理系统建设、节水技术推广与应用、水资源监测能力建设、水生态系统保护与修复等给予重点支持。

5. 最严格水资源管理制度考核办法

根据国务院2013年发布的《实行最严格水资源管理制度考核办法》，制定莲花县最严格水资源管理制度考核办法。考核办法包括考核对象、考核内容、考核指标和标准、考核评分方法及考核等次划分、考核方式等内容。

5.1.3.5　水景观建设

1. "两江四岸"景观工程

加强对莲江、白马河"两江四岸"水景观工程建设，充分利用莲花县优越的水资源条件，积极改善河道景观，为莲花县荷花博览园和莲花湿地公园的发展提供最佳的水上风光背景，同时进一步提升莲花县的旅游形象。建设内容包括生态长廊、休闲水岸、亲水步道等设施，努力通过"两江四岸"建设着力打造城市名片。

2. 荷花博览园

荷花博览园规划总用地面积 $1.69km^2$。规划建设"十景"：莲池跃影、莲岛采幽、咫尺廊桥、双桥嵌水、莲江古庙、莲海溶月、莲塔览胜、古树齐云、江畔营地、阡陌农家等。主要建设 8 个区：入口服务区、农耕体验区、莲花观赏区、户外宿营区、莲花休闲区、莲花度假区、莲花培育区、后期开发区。

5.1.3.6　水文化建设

1. 莲花文化节

依托莲花节，通过文艺晚会活动、游园活动、莲产品交易展、有奖问答等活动大力宣传莲花的水文化，推广水文化，引导社会建立人水和谐的生产生活方式。与莲花县文广新局携手合作，借助莲花县的报刊、电视、网络等媒体多角度宣传水文化。力争让更多的人参与到水文化建设中来，让更多的思想、观点推进莲花县的水文化建设。

2. 水生态文明宣传教育

采取多种途径，开展广泛、深入、持久的水生态文明理念和水文化的宣传教育活动，形成全民、各行各业共建水生态文明的理念：①通过制作一套科普宣传读物、建一个生活节水示范点、每年开一次"莲花县水生态文明论坛"等形式加强科普知识宣传教育；②通过标语、宣传单、海报、杂志、广播、手机短信等载体，扩大水生态文明建设宣传报道的信息量和覆盖面，强化人们对水生态文明理念的认知；③在中小学校开设"节约用水、创建水生态文明县"宣传教育课堂，教育中小学生从小养成节水习惯；④以水生态文明社会创建为契机，深入开展"绿色学校""绿色社区""环境友好型企业"等创评活动；⑤深入挖掘在水生态文明建设中涌现出的基层先进人物和节能减排典型企业，大力宣传水生态文明建设中的好经验、好做法；⑥大力推进"水生态文明县""水生态文明乡（镇）"和"水生态文明村"的创评工作，通过广泛邀请群众参与，在全县营造水生态文明宣传的声势和规模；⑦开展技能培训。将农业面源污染的危害和原因、无公害农产品、绿色食品、有机食品系列标准和生产技术、生态环境保护基本知识等作为农技培训、"绿色证书"培训的重要内容，不断提高公众的认知度、环保意识和参与意识，增强市民保护农业生态环境的自觉性。

5.1.4　莲花县水生态文明建设效果评价

莲花县委县政府牢固树立"绿水青山就是金山银山"的理念，严格贯彻"节水优先、空间均衡、系统治理、两手发力"的治水方针，积极创新工作思路，以构建水安全、水环境、水生态、水管理、水景观与水文化等六大体系任务目标为工作要求，发挥生态优势，做活水文章，加快推进了城乡水生态文明建设工作，实施了 21 个工程项目，基本完成了各评价指标任务。采用该成果，对莲花县 2017 年水生态文明状况进行了评价，最终得出莲花县 2017 年水生态文明综合得分为 83 分（表 5.2），高于评价办法的合格标准（80 分），较 2012 年提高了 40 分。

表 5.2 莲花县水生态文明试点建设成效评估

准则层	指标层	评 分 标 准	建 设 现 状	评分
水安全	病险水库、水闸除险加固率	≥90%得 5 分，80%～90%得 3 分，70%～80%得 1 分，70%以下不得分	水库除险加固完成	5
	城镇生活供水保障率	≥97%得 4 分，90%～97%得 2 分，低于 90%不得分	城区生活供水保障率 97%以上，城乡结合部供水一体化且管网连通	4
	工业供水保障率	≥90%得 3 分，低于 90%不得分	能够满足县域工业发展需求，保障率 90%以上	3
	农业灌溉保障情况	农业灌溉水源有效保障、农田灌排渠系完整且畅通、农田灌溉水水质达标，得 3 分；有一项不达标，扣 1 分	新建寒山水库可有效保障农业灌溉水源和水质、小农水工程保障农田灌排渠系完整且畅通	3
	备用水源地建设情况	有备用水源或应急水源，且具备完善的饮用水水源地环境应急机制和能力，得 5 分；其余不得分	有备用水源或应急水源（寒山水库）、但管网配套还未建成（第二水厂尚未完工）	0
水环境	城镇生活污水集中处理率	≥90%，得 5 分；80%～90%得 3 分；80%以下不得分	城镇生活污水集中处理率为 86.4%	3
	排污口污水排放达标率	达到 100%，得 5 分；80%～90%，得 3 分；80%以下不得分	100%	5
	规范化养殖	库区水体及周边地区养殖行为达到规范化要求，得 4 分，每发现 1 处达不到要求，扣 1 分，扣完为止	已禁止在饮用水源人工投料养鱼。规模化水产养殖和畜禽养殖逐步实行生态化养殖	4
	饮用水水源地保护	饮用水水源地划定保护区、达到保护标准，指示牌和保护宣传牌等措施完备，得 6 分；有一项未达到要求扣 2 分	已经划定白马河饮用水水源地保护区，制定了相应的保护措施	6
水生态	水土流失治理率	水土流失治理率≥85%，得 2 分；75%～85%，得 1 分，低于 75%不得分	水土流失治理率为 86%	2

续表

准则层	指标层	评分标准	建设现状	评分
水生态	生态需水保障	枯水期最小流量满足河道、湖泊最小生态需水量，得4分；主要河流不断流，湖泊不干涸，得2分	枯水期最小流量满足河道、湖泊最小生态需水量	4
	水域面积比例	≥15%，得2分；10%～15%，得1分；低于10%，不得分	莲花县境内河溪纵横，水系发育，城区及城乡结合部适宜水面率达到15%	2
	城市绿化覆盖率	≥42%，得2分；37%～42%，得1分；低于37%，不得分	37.5%	1
	水系连通率	达到100%，得5分；每降低10%扣2分	实现水系连通	5
水管理	水资源监控覆盖率	对工业等取用水户有监控能力和监控办法，覆盖率≥90%，得4分；80%～90%，得2分；低于80%不得分	有监控能力和监控办法，覆盖率≥90%	4
	水利工程设施完好率	堤坝、水闸等水利工程设施无水毁、损坏现象，完好率100%得4分；90%以上得2分；90%以下不得分	水利工程设施完好	4
	管理体制机制	涉水管理机构健全、制度完备、人员配备合理，得4分；有一项不达标扣2分	涉水管理机构健全、制度完备、人员配备合理	4
	三条红线考核达标情况	用水总量、用水效率及水功能达标率等三个控制指标均达到考核要求，得6分；其中一项指标未达到考核要求的扣2分	均达到要求	6
	河长制实施情况	河长制工作考核结果为优秀的，得7分；考核结果为合格的，得4分；考核结果不合格的，不得分	合格	4
水景观	水利风景区建设	有1处国家级水利风景区或者2处省级水利风景区，得4分；1处省级水利风景区，得2分	5处省级风景区，1处国家级湿地公园	4
	亲水空间的多样性	亲水设施种类3种以上，且安全防护措施完备，得3分；每减少1种，扣1分；发现1处安全防护措施不完备，扣1分	亲水设施种类多样且安全防护措施完备	3

续表

准则层	指标层	评 分 标 准	建 设 现 状	评分
水景观	滨岸带景观建设与观赏游憩价值	水域及周边自然环境优美、人文特色显著及整体景观效果好，得3分；缺少一项扣1分	建成的莲江湿地公园、荷博园、一江两岸景观工程使莲江及周边自然环境优美、人文特色显著及整体景观效果好	3
水文化	水文化宣传情况	在校园开展科普课程，定期组织社会力量开展是文化宣传活动，充分挖掘和保护水历史文化，得5分；缺少一项扣2分	10余座中、小学开设了水生态教育课100余节，比例达到90%；利用"世界水日、中国水周"莲文化旅游节等宣传水文化；挖掘甘祖昌精神	5
	水生态文明知识普及率	≥90%得2分，每减少10%扣1分，扣完为止	普及率达到90%	2
	公众对水生态文明建设的满意度	公众对水生态文明建设的满意度≥80%，得3分；每降低10%，扣1分	满意度为90%	3
合　　计				83

通过 2014—2016 年 3 年的试点建设，莲花县不仅达到了水生态文明合格县的要求，同时也取得了显著的效益。

（1）生态效益。通过建设城市生活及工业污水处理厂、完善城市污水管网、配套城市生活垃圾卫生填埋场、整治工矿企业排污，进一步净化了区域环境、减少了面源污染和点源污染的排放，城市污水收集率达 87.3%，城镇生活污水集中处理率由 2013 年的 83.4% 提高至 86.4%，其中工业废水排放达标率达到 100%；垃圾无害化处理量由 2013 年 70t 增加至 100t，垃圾无害化处理率达到 100%；水功能区水质达标率维持在 100%，集中式饮用水水源地水质维持在Ⅱ类水，出境断面水质常年维持在Ⅲ类以上。通过实施 11 条重点小流域水土流失治理、南岭乡矿山生态修复综合整治等工程，完成水土保持治理面积 100km²，新增生态公益林 40km²，造林绿化 100km²，进一步提高了森林覆盖率，明显提升了水土保持和水源涵养能力，为维持生物多样性和生态平衡起到重要作用。通过实施莲江湿地公园建设、河道综合治理、水土保持、生态需水保障等工程，积极打造河流湿地生态系统：城市湿地面积增加了 10km²，新建堤防生态护岸比例达到 100%，建成区绿化覆盖率由 2013 年的 35.61% 提升至 2016 年 37.54%；莲江生态需水进一步得到保证，形成了立体式、多样性的原生态河网保护区河网植被体系，恢复了河岸线原生态风貌，改善了城市水环境，提升了莲花生态景观效应。

（2）社会效益。通过实施城区防洪工程、河道综合治理，将城区防洪等级提升至 20 年一遇，城市防洪能力得到较大提升。建成的荷塘乡、琴亭镇等农村饮水巩固提升工程、寒山水库等工程，基本实现城乡居民安全饮水全覆盖，解决或改善了 27 万人口饮水安全问题。通过加强水资源管理，莲花县用水总量得到有效控制，用水效率大幅提高，水资源管理能力显著提升。通过莲江国家湿地公园、荷花博览园建设，举办莲文化旅游节等文化活动，莲花县城市形象明显改善、城市品位大幅提高、发展实力显著增强。

（3）经济效益。提高用水效率，促进经济转型升级。2013 年，莲花县生产总值为 48.64 亿元，至 2016 年，全县实现生产总值达 60.20 亿元，全县实际用水总量 0.91 亿 m^3，低于用水总量控制指标 0.93 亿 m^3。试点期间实施的城区生态防洪工程将防洪等级提升至 20 年一遇，可有效保护城区面积 12.5km²，人口 6.5 万人；即将建成的寒山水库，可使寒山水库坝址至凫水与荷塘水汇合口之间河段沿河两岸防护对象的防洪标准由 7 年一遇提高到 10 年一遇，对保障沿岸人民群众生命经济财产安全起到重要作用。建成的莲江湿地公园、荷花博览园、一江两岸景观带等一批自然环境与健康安全相结合的滨水景观，塑造了"莲花福地""红色绽放""生态文明"的城市名片，显著提升了城市风貌和城市品位，带动了旅游经济的蓬勃发展。2016 年，仅莲文化旅游节期间，荷花博览园接待游客达 52 万人次，旅游收入 3.38 亿元。2016 年全县旅游收入达 18 亿元，占全县 GDP 的 29.9%，较 2013 年增长 40%。

5.2 水生态文明镇建设与评价应用案例——以贵溪市上清镇为例

上清镇位于江西省鹰潭市贵溪市，属龙虎山风景区管辖。境内交通便利，距鹰潭市 30km，距省城南昌 150km。上清镇属亚热带湿润季风气候，四季分明，气候温和，雨水充沛，日照充足。镇内水系丰富，泸溪河自镇东向西北流过整个镇区，还有圣井港、应天水、泉源港、通桥港、毛家港等内河以及小（1）型水库 1 座，小（2）型水库 3 座。丰富的水资源孕育了上清镇优美的生态环境。运用德天独厚的山水优势，上清镇政府大力发展旅游产业，初步形成了集旅游、餐饮、观光、娱乐和旅游商品开发为一体的综合性旅游经济产业，为上清镇实施水生态文明建设提供了强有力的经济后盾。2014 年 8 月，上清镇被确定为江西省首批水生态文明自主创建镇。运用本书成果，上清镇编制完成了《江西省龙虎山景区上清镇水生态文明自主创建项目实施方案》，开展水生态文明镇自主创建工作。通过 3 个月的努力，上清镇水生态文明水平显著提升，基本实现了"河畅、水清、岸绿、景美"的水生态文明建设目标。因此，选择上清镇作为案例进行水生态文明乡（镇）建设与评价运用，可为其他乡（镇）水生态文明建设提供经验和借鉴。

5.2.1 上清镇概况

1. 区域概况

上清镇位于江西省鹰潭市西南部，距国家级风景名胜区龙虎山 16km，东至塘湾镇、耳口乡，西连龙虎山镇，南北邻上清林场，西南接金溪县，地理位置北纬 28°01′35″~28°04′45″，东经 117°00′25″~117°03′15″。境内交通便利，鹰厦线由镇东向西切过，镇区设有上清车站，镇西北龚资线公路与 206 国道相连，距鹰潭市 30km，距省城南昌 150km。

2. 气候环境

上清镇属亚热带湿润季风气候，其特点是四季分明，气候温和，雨水充沛，日照充足。多年平均气温 18.2℃，多年平均相对湿度 81%，多年平均日照时数 1977.6 小时，多年平均无霜期 283 天，多年平均降雨量 1888.2mm。

3. 地质地貌

上清镇地处武夷山脉西北支脉向鄱阳湖平原过渡的赣东丘陵西翼，发源于武夷山麓的信江支流泸溪河流域，区内无较大塌滑等不稳定体及其他不良物理地质现象，区内地貌形态较复杂。上清镇南部属于中低山地貌，高山峻岭，山体边坡陡峭，地形起伏较大，冲沟发育，森林茂密，山体多由花岗岩（或火山岩）组成，山峰海拔多在 500m 以上，最高峰阳际坑，海拔 1541m；河道两岸的馒头顶、应天山、天台山和圣井山等山峰相接，相对高差 400~600m。上清镇北部为信江谷地，沿河两岸受侵蚀剥蚀，为红砂岩丹霞地貌，植被较差，水土流失较严重。

4. 河流水系

上清镇境内水系发达，信江第一大支流泸溪河自镇东面向西北流过整个镇区，还拥有圣井港、应天水、泉源港、通桥港、毛家港等内河以及小（1）型水库 1 座、小（2）型水库 3 座。

泸溪河是信江最大的一条支流，发源于福建省境内武夷山脉的凤型山，流入江西省境内汇泸阳河后称泸溪河，沿途汇纳陈家墩水（也称冷水、大王渡水）、梅潭水、青田港等主要支流；流经福建省的光泽县及江西省的资溪、贵溪、金溪、东乡、龙虎山区等县（市），于余江县锦江镇对岸的岭底地注入信江；流域面积 2838km²，其中在江西省境内 2666km²；干流全长 162.8km，其中在江西省境内长 123km。泸溪河上清镇段属泸溪河中游河段，为一狭长河谷，系低山与丘陵的过渡带，河谷平均宽约 150m，最狭处为仙岸、水岸，宽约 50m，河道平均坡降为 0.94‰，落差 23.1m。

5.2.2　上清镇自主创建前水生态文明状况

根据本书确定的水生态文明乡（镇）评价方法，上清镇水生态文明自主创建前水生态文明现状评估总分 38 分，未达到江西省水生态文明乡（镇）要求，评价结果详见表 5.3。从表可以看出，上清镇自主创建前水生态文明现状存在的问题主要表现如下：防洪形势依然严峻，集中式饮用水水源水质得不到保障，农田灌排渠系无专人管理，建筑物工程不能正常发挥效益；城镇生活污水处理和垃圾无害化处理率低，河湖管理水平粗犷，出现垃圾堆积、肥水养殖现象；泸溪河上清镇段时有断流现象，局部河岸出现崩塌，水域面积较小，无水系连通工程；无水生态文明体制机制规范建设，水管理体系不完善；水景观和水文化体系建设水平低。

表 5.3　上清镇水生态文明自主创建前水生态文明建设现状评估

准则层	序号	指标层	评 分 标 准	建设现状	评分
水安全	1	防洪除涝工程达标率	≥90% 得 6 分，每减少 10% 扣 1 分，扣完为止	防洪除涝工程达标率 70%	4
	2	病险水库、水闸除险加固率	≥90% 得 3 分，每减少 10% 扣 1 分，扣完为止	镇域内病险水库、水闸除险加固率 90%	3
	3	城镇生活供水保障率	100% 得 6 分，每减少 5% 扣 1 分，扣完为止	城镇生活供水保障率 100%	6
	4	集中式饮用水水源水质达标率	≥95% 得 6 分，每减少 5% 扣 1 分，扣完为止	集中式饮用水水源水质达标率 53%	0
	5	农业灌溉保障情况	农业灌溉水源有效保障、农田灌排渠系完整且畅通、农田灌溉水质达标，得 3 分；有一项不达标，扣 1 分	灌区水源工程、渠系及渠系建筑物年久失修、破损严重	2
水环境	6	城镇生活污水集中处理率	≥90% 得 4 分，每减少 10% 扣 1 分，扣完为止	无乡（镇）集镇生活污水处理设施	0
	7	城镇生活垃圾无害化处理率	≥95% 得 4 分，每减少 5% 扣 0.5 分，扣完为止	垃圾集中转运率 65% 左右，其余自行焚烧	1
	8	畜禽养殖污染治理情况	禁养区内无规模化畜禽养殖场，得 1 分，规模化畜禽养殖场建有配套的粪污处理与利用设施，得 1 分，正常运行，得 1 分	无规模化畜禽养殖场	3

续表

准则层	序号	指标层	评分标准	建设现状	评分
水环境	9	农药、化肥施用量增长率	农药、化肥用量零增长，得3分；每增加5%扣1分，扣完为止	农药、化肥施用量实现零增长	3
	10	河道湖泊管理	推行河长制，得1分；建立了河长制管理机制，得1分；设有河长制公示牌，得1分；河道管理到位，无非法采砂、河道淤积、裁弯取直、违规建设等现象，得1分	未推行河长制，未建立河长制管理机制，未设河长制公示牌，河道内有垃圾等漂浮，河道管理不到位	0
	11	规范化养殖	库区水体及周边地区养殖行为达到规范化要求（饮用水水源地、禁养区水库水体及周边地区禁止承包养殖、网箱养鱼；非饮用水水源地、限养区、适养区的水库，实行人放天养，禁止肥水养殖；禁止畜禽粪便和污水直接向水体等环境排放），得3分，每发现1处达不到要求，扣1分，扣完为止	四座小型水库均存在肥水养殖现象	0
	12	排污口达标排放率	全部达标得3分，每减少10%扣1分，扣完为止	全部达标	3
水生态	13	水系连通率	100%得5分，每减少10%扣1分，扣完为止	水系连通率60%	1
	14	生态需水保障	正常年份所有河道能保持不断流、不干涸5分；每发现一处扣2分，扣完为止	干旱季节，泸溪河上清镇段会出现断流现象	3
	15	水土流失治理率	≥85%得5分，每减少5%扣0.5分，扣完为止	水土流失治理率65%	1
水管理	16	水利工程管理到位率	堤坝、水闸等水利工程设施是否有人管理，到位率100%，得4分，每减少10%扣1分，扣完为止	无人管理	0
	17	水利工程设施完好率	堤坝、水闸等水利工程设施无水毁、损坏现象，完好率100%，得4分，每减少10%扣1分，扣完为止	水利工程设施完好率70%	2
	18	水生态文明组织机构与制度建设情况	成立专门的水生态文明乡（镇）建设工作领导小组，得2分；制定详细的相关制度与规范，得2分	未成立专门的水生态文明乡（镇）建设工作领导小组，未制定详细的相关制度与规划	0

准则层	序号	指标层	评 分 标 准	建设现状	评分
水景观	19	亲水场地数量	亲水场地不少于 3 处，得 3 分，每减少 1 处扣 1 分，扣完为止	亲水场地数量大于 3 处	3
	20	水景观类型	有 2 种以上水景观类型得 3 分；有 1 处以上省级水利风景区得 4 分	无水景观	0
水文化	21	中小学节水教育普及率	≥85％得 4 分，每减少 20％扣 1 分，扣完为止	中小学节水教育普及率 70％	3
	22	水文化宣传情况	有水生态文明宣传栏，得 1 分；水生态文明建设媒体宣传报道次数不少于 2 次，得 2 分；凝练出水生态文明建设宣传标语，并宣传，得 2 分；定期评选水生态文明建设模范家庭或标兵，得 2 分	无相关宣传	0
	23	公众参与程度	参与率≥80％得 4 分，每减少 10％扣 1 分，扣完为止	公众参与率 0％	0
合计					38

5.2.3 上清镇水生态文明建设实施方案

江西省龙虎山景区上清镇水生态文明自主创建项目以"河畅、水清、岸绿、景美"为建设目标，针对建设前存在的问题，着力加强水安全、水环境、水生态、水管理、水景观以及水文化六大体系建设，主要措施如下。

5.2.3.1 水安全建设

1. 加快乡（镇）防洪治涝工程建设

上清镇防洪工程措施主要为疏浚河道，保持生态水景美观；河岸护滩固脚，强化河湾边界，规顺洪水河槽，减少主流摆动范围，稳定河势；整治涉河建筑物，降低水面线。

上清镇防洪工程治理范围为：上清镇泸溪河河段内的沙湾村至汉浦村下游转弯后区间 12.360km（水面线桩号）以及上清镇泸溪河河段内的 3 条支流（圣井港支流 1.230km，泉源港支流 0.520km 及通桥港支流 1.215km）作为重点治理河段，总计 15.325km。本次初步设计内容包括：河道疏浚 1.100km，河道护岸长度 7.752km（其中泸溪河 4.787km，圣井港支流 1.230km，泉源港支流 0.520km，通桥港支流 1.215km）。

2. 加快病险水库除险加固

规划2016年年底对仅有的未进行除险加固的小（2）型水库——铜钱岭水库进行开工建设，届时，全镇所有小型水库除险加固完毕。

3. 提高集中式饮用水水源水质达标率

针对上清镇村级生活供水点分散、水源水质无法保障等问题，上清镇农村自来水建设工程已列入鹰潭市农村自来水规划，2016年年底之前投资650万元对上清镇自来水厂进行扩建及管网延伸，使上清镇自来水厂供水规模达到2000t/d，管网覆盖到大部分村庄，保证镇区及周边村庄的生活供水。此外，要求划定饮用水水源地保护范围，并在饮用水水源保护区设立地理界标、交通警示牌、宣传牌等标志，保障饮用水安全，维护人民群众身体健康。力争2016年集中式饮用水水源水质达标率镇区达到100%，全镇范围达到90%。

4. 加强农业灌溉工程建设

加强对铜钱岭水库的除险加固，保障灌溉水源；积极争取中央及省级小农水专项资金，对全镇范围小型农田灌溉体系进行维修加固，争取2016年全镇灌溉保证率85%以上。

5.2.3.2 水环境建设

1. 加强污染物控制与处理

（1）乡镇集镇生活污水处理。①新建污水处理厂。上清镇计划筹集4500万元新建上清镇污水处理厂，项目建设地点位于集镇西500m的叶家坎竹林边。水厂处理规模为0.6万t/d，铺设DN300～DN1000污水管网15.4km。②实施雨污分流。整治镇区河道，实施截污治污工程，变河道排污为截污并网，封堵沿河排污口，开展河道截污和雨污管线分流工程建设，完善污水收集管网系统和污水处理设施。

（2）垃圾收集与处理。农村垃圾处理是一项庞大的系统工程，涉及千家万户，需要政府强有力的推动。健全管理机构，履行环境卫生的管理、监督、作业等职能。整合保洁资源，将各乡（镇）现有的河道保洁、乡村公路管护、环卫作业三支队伍进行整合。

2. 加强河流、湖库水质保护与管理

（1）水体清洁程度。加强管理，加大上清镇环卫工程的投入；加强宣传教育；制定考评标准及奖惩办法，引导全镇百姓对水环境整治的重视并积极参与其中。

（2）规模化养殖。积极引导养殖企业采用生态化养殖的方式，并给予一定的政策及资金支持；及时关停一些非生态养殖的小型企业。

（3）全面建立"河长"管理生态保护制度。在全镇所有河道建立河长制，在重要河段设立界桩和标识，增进公众对河流保护的了解。明确河道责任人，落实河道保洁，生态保护工作。每座湖库、每条河流责任到位，对责任不明确的进行明确划分，做到有固定界桩，保护标志。加强对违法侵占河湖行为的管护，发现一起，查处一起。

5.2.3.3　水生态建设

1. 加大生态需水保障

对上清电站拦河坝进行加固维修，加大对下游水量的调度；对镇区附近河段进行疏浚，使主流归槽，增加水深；积极规划在下游合适位置新建拦河坝，抬高镇区段水位。

2. 积极规划水系连通

上清镇目前无较大水系连通工程，为实现湖泊有活水来源，上清镇积极争取水系连通工程，争取早日让全镇水体流动起来。

3. 减小水土流失影响

保护现有天然湿地，加快人工湿地建设，依靠大自然的力量进行自然修复，减少人为干扰，杜绝排污、放牧，坚持做到污物不下排、牛羊不下水；进行生态修复的同时辅以工程措施，如两岸护坡，路边挡土，上游修谷坊、拦渣坝，防止水土流失对湿地造成严重影响。

5.2.3.4　水管理建设

1. 注重水工程管理

针对建设前水利工程管理方面存在的问题，上清镇采取了系列措施，加强对水利工程的安全管理、工程设施管理和经费管理。

（1）安全管理。首先是加强《中华人民共和国水法》《中华人民共和国水土保持法》的宣传，在防止水利工程受到洪水等自然灾害侵袭的同时，防止少部分唯利是图的人为破坏；其次是加强工程建设质量尤其是工程配套设施建设质量的监管。

（2）工程设施管理。对小型水利工程设施登记造册，绘制工程分布图，分类进行排列，对重点工程实施挂牌，设专人重点管理，落实目标责任制，确保已有工程项目特别是重大型项目的设施管理安全。

（3）经费管理。制定合理的工程维修养护费标准，根据受益面积和各地的具体情况，向受益者和收益单位征收一定的费用用于工程维护；成立"水利工程管理理事会"，按照"谁建设、谁受益、谁管理"的原则，利用水利发展基金等形式对工程进行维修和养护；推行义务工制，接受受益人或者单位的义务工。

2. 完善体制建设

成立上清镇水生态文明自主创建建设领导小组，小组由上清镇镇长为组长。小组全面统筹全镇水生态文明自主创建工作，领导小组办公室设在上清镇水务站，牵头开展相关组织协调工作，指导水生态文明镇自主创建建设与自主创建工作。

5.2.3.5　水景观建设

1. 亲水场地与设施建设

科学规划，推进集镇多样化亲水平台和设施的建设，扩建亲水区域，自主创建期期末，力争镇区水景观辐射范围达到 60% 以上，为群众提供更多的亲水便利，使其在亲水活动中认识水、利用水，从而爱护水、欣赏水，充分体现上清山区水文化。

2. 加强水景观建设

实施泸溪河景观提升工程，治理圣井港、泉源港及通桥港，实施河道景观建设，实现镇区主要河道四季不断流，沿河两岸因地制宜建设亲水平台。

5.2.3.6　水文化建设

1. 加强水科学知识普及

采取多种途径包括生态河道摄影大赛的方式，开展广泛、持久、深入、有效的水情、水文明理念和特色水文化宣传。采取群众喜闻乐见的方式，推进水生态文明教育进机关、进企业、进学校、进社区，提升水资源节约保护意识和水文明理念。

2. 进行水文化宣传教育

征集水生态保护志愿者，引导志愿者开展适宜的绿色保护行动；设立水生态文明宣传栏，宣传并示范节水、垃圾分类、水资源保护、爱护生物等节水减污与保护生态的文明理念；对本地百姓挨家挨户发放宣传单，对游客进行标识标语警示；通过电视、报纸、网络等媒体以及公益广告牌和主题活动开展宣传。

5.2.4　上清镇水生态文明建设效果评价

上清镇政府认真贯彻落实生态文明镇战略，依托泸溪河穿镇而过的有利条件，以建设现代水利、生态水利、实现水资源的可持续利用为主线，不断加快水利基础设施建设步伐，加大水生态环境保护力度，积极开展风景区建设，着力打造人水和谐、人水相亲的宜居家园。应用本书成果，2016 年，对上清镇水生态文明状况进行了评价，最终得出上清镇 2016 年水生态文明综合得分 89 分（表 5.4），参考本书水生态文明乡（镇）评价标准，上清镇自主创建后可评价为江西省水生态文明乡（镇），基本实现了"河畅、水清、岸绿、景美"目标。

表5.4　　　　　　　　　　　上清镇水生态文明建设效果评估

准则层	序号	指标层	评分标准	建设现状	评分
水安全	1	防洪除涝工程达标率	≥90%得6分，每减少10%扣1分，扣完为止	防洪除涝工程达标率92%	6
	2	病险水库、水闸除险加固率	≥90%得3分，每减少10%扣1分，扣完为止	镇域内病险水库、水闸除险加固率100%	3
	3	城镇生活供水保障率	100%得6分，每减少5%扣1分，扣完为止	城镇生活供水保障率100%	6
	4	集中式饮用水水源水质达标率	≥95%得6分，每减少5%扣1分，扣完为止	集中式饮用水水源水质达标率100%	6
	5	农业灌溉保障情况	农业灌溉水源有效保障、农田灌排渠系完整且畅通、农田灌溉水水质达标，得3分；有一项不达标，扣1分	农业灌溉水源有效保障、农田灌排渠系完整且畅通、农田灌溉水水质达标	3
水环境	6	城镇生活污水集中处理率	≥90%得4分，每减少10%扣1分，扣完为止	乡镇集镇生活污水集中处理率85%	3
	7	城镇生活垃圾无害化处理率	≥95%得4分，每减少5%扣0.5分，扣完为止	垃圾集中转运率95%以上	4
	8	畜禽养殖污染治理情况	禁养区内无畜禽规模养殖场，得1分，畜禽规模养殖场建有配套的粪污处理与利用设施，得1分，正常运行，得1分	无规模化畜禽养殖场	3
	9	农药、化肥施用量增长率	农药、化肥施用量零增长，得3分；每增加5%扣1分，扣完为止	农药、化肥施用量实现零增长	3
	10	河道湖泊管理	推行河长制，得1分；建立了河长制管理机制，得1分；设有河长制公示牌，得1分；河道管理到位，无非法采砂、河道淤积、裁弯取直、违规建设等现象，得1分	推行了河长制，建立了河长制管理机制，设立了河长制公示牌，河道管理到位	4
	11	规范化养殖	库区水体及周边地区养殖行为达到规范化要求（饮用水水源地、禁养区水库水体及周边地区禁止承包养殖、网箱养鱼；非饮用水水源地、限养区、适养区的水库，实行人放天养，禁止肥水养殖；禁止畜禽粪便和污水直接向水体等环境排放），得3分，每发现1处达不到要求，扣1分，扣完为止	存在肥水养殖现象	2

续表

准则层	序号	指标层	评分标准	建设现状	评分
水环境	12	排污口达标排放率	全部达标得 3 分，每减少 10％扣 1 分，扣完为止	全部达标	3
水生态	13	水系连通率	100％得 5 分，每减少 10％扣 1 分，扣完为止	水系连通率 60％	1
	14	生态需水保障	正常年份所有河道能保持不断流、不干涸 5 分；每发现一处扣 2 分，扣完为止。	正常年份所有河道能保持不断流、不干涸	5
	15	水土流失治理率	≥85％得 5 分，每减少 5％扣 0.5 分，扣完为止	水土流失治理率 90％	5
水管理	16	水利工程管理到位率	堤坝、水闸等水利工程设施是否有人管理，到位率 100％，得 4 分，每减少 10％扣 1 分，扣完为止	水利工程管理到位率 100％	4
	17	水利工程设施完好率	堤坝、水闸等水利工程设施无水毁、损坏现象，完好率 100％，得 4 分，每减少 10％扣 1 分，扣完为止	水利工程设施完好率 90％左右	3
	18	水生态文明组织机构与制度建设情况	成立专门的水生态文明镇建设工作领导小组，得 2 分；制定详细的相关制度与规范，得 2 分	成立了专门的水生态文明镇建设工作领导小组，制定了相关制度与规范	4
水景观	19	亲水场地数量	亲水场地不少于 3 处，得 3 分，每减少 1 处扣 1 分，扣完为止	亲水场地数量大于 3 处	3
	20	水景观类型	有 2 种以上水景观类型得 3 分；有 1 处以上省级水利风景区得 4 分	水景观类型大于 2 种，无省级水利风景区	3
水文化	21	中小学节水教育普及率	≥85％得 4 分，每减少 20％扣 1 分，扣完为止	中小学节水教育普及率 100％	4
	22	水文化宣传情况	有水生态文明宣传栏，得 1 分；水生态文明建设媒体宣传报道次数不少于 2 次，得 2 分；凝练出水生态文明建设宣传标语，并宣传，得 2 分；定期评选水生态文明建设模范家庭或标兵，得 2 分	有水生态文明宣传栏、宣传标语和水生态文明建设标兵，通过报纸、广播等对水生态文明建设进行了宣传报道	7
	23	公众参与程度	参与率≥80％得 4 分，每减少 10％扣 1 分，扣完为止	公众参与率大于 80％	4
合　计					89

5.3　水生态文明村建设与评价应用案例——以莲花县坊楼镇沿背村为例

沿背村位于江西省萍乡市莲花县坊楼镇，地处丘陵地带。村内水系丰富，赣江一级支流禾水穿村而过，村内水系主要围绕禾水，有两渠、两门塘。2015年，沿背村被确定为江西省水生态文明试点建设村。运用本书成果，编制《江西省沿背村水生态文明村试点建设实施方案》，指导水生态文明试点建设。通过近三年的努力，沿背村水生态文明水平显著提升，基本实现了"河畅、水清、岸绿、景美"的水生态文明建设目标。因此，选择沿背村作为案例进行水生态文明村建设与评价运用，可为其他乡村水生态文明建设提供经验和借鉴。

5.3.1　沿背村概况

1. 区域概况

沿背村属于莲花县坊楼镇管辖范围，位于莲花县中部，地处丘陵地带。东经 $113°98'$，北纬 $27°29'$，距莲花县城 18km，距萍乡市区 40km。全村土地面积 $10km^2$，共有 6 个村民小组，10 个自然村，有农村住户 558 户，人口 1968 人。村内基础设施薄弱，经济发展滞后，没有村级集体经济，全村耕地面积共 1135 亩。省道 317 线（路坊公路）穿村而过，交通便利。

村庄红色资源丰富，它是农民将军甘祖昌、全国优秀共产党员龚全珍夫妇和"莲花一支枪"保存者贺国庆烈士的家乡，村内有贺国庆烈士墓、甘祖昌将军旧居和将军回乡后带领乡亲们修建的快省陂、反修桥、古井等。近年来，沿背村依托甘祖昌干部学院建设平台，深入挖掘村内红色资源，不断完善村里各项基础设施和景观景点，将红色文化元素融入村庄建设，着力打造"红色村庄"。

2. 气候环境

沿背村属亚热带季风气候区，一年四季分明，气候温和，阳光充足，降雨丰沛，光照充足。春季气候温暖，夏季气温高、天气炎热，秋季尤其是 7 月和 8 月酷热，秋后期的 9 月和 10 月少雨且气候干燥，夏秋季易受台风影响产生暴雨天气；冬季湿冷，有时有冷空气侵入气温降至零度以下，但雨雪较少；四季分明，冬、春季短，夏、秋季长；无霜期长。

3. 地质地貌

沿背村地处华南地层区，构造单元为赣中南褶隆赣州-吉安坳陷，井冈山-陈山隆褶断束，构造变动较为强烈，褶皱、断裂发育，地质年代为新生代第四纪、中生代白垩纪、晚古生代泥盆纪、早古生代寒武纪。山川河谷间主要分布石英砂岩、粉砂岩、千枚岩、页岩、片麻状白云母花岗岩等。

4. 水系概况

赣江一级支流禾水穿村而过，村内水系主要围绕禾水，有两渠、两门塘。两条引水渠一为通过快省陂引水，穿过村庄至水电站（以下称为水电站引水渠）；另一条从禾水上游的甘家村处的水陂引水，经洋桥、田垅至沿背村侧往下再汇入禾水（甘家村引水渠）。两门塘中，一口在村委会后面、水电站引水渠侧面，水质较差；另一口在快省陂下游禾水左岸，两村庄水系均未盘活。

禾水因永新县禾山而得名，位于江西省中西部，东经 $113°53'\sim114°56'$，北纬 $26°39'\sim27°37'$，流域面积 $9103km^2$，呈扇形，涉及萍乡、宜春、吉安 3 个设区市共 10 个县（区），水流自西向东，主河道 256km。禾水系赣江一级支流，地处赣江中游，吉泰盆地西南缘，发源于武功山南麓莲花县高洲乡东北部的塘坳里高天岩，在吉州区古南街道神岗山入赣江。流域莲花县境至永新县的龙田镇称莲江，永新县龙田镇至吉州区曲濑乡江口称禾水，因永新县龙田镇禾山而得名，至吉州区曲濑乡江口与泸水汇合又俗称禾泸水。

5.3.2 沿背村试点建设前水生态文明现状

根据本书确定的水生态文明村评价方法，沿背村水生态文明试点建设前水生态文明现状评估总分 57 分，未达到江西省水生态文明村要求，评价结果详见表 5.5。从表 5.5 可以看出，沿背村试点建设前水生态文明现状存在的问题主要表现如下：农村生活供水保障率有待提高，饮用水水质存在风险，农田灌溉渠系淤堵严重；农村生活污水直排，河湖管理粗犷，存在漂浮入河、肥水养殖等现象；水系连通不畅，水土保持措施偏少；农田节水措施缺乏；水景观观赏价值不足；水生态文明宣传较少，红色文化挖掘不足等。

表 5.5　　　　沿背村水生态文明试点建设前水生态文明现状评估

准则层	序号	指标层	评 分 标 准	建设现状	评分
水安全	1	防洪除涝工程达标率	≥90% 得 6 分，每减少 10% 扣 1 分，扣完为止	防洪除涝工程达标率 100%	6
	2	饮用水水质达标情况	水质达到或优于《地表水环境质量标准》（GB 3838—2002）Ⅲ 类标准；地下水饮用水水质达到或优于《地下水质量标准》（GB/T 14848—93）Ⅲ 类标准，得 6 分，否则不得分	地下水水质存在隐患	3
	3	农村生活供水保障率	保障率 100% 得 6 分，每减少 5% 扣 1 分，扣完为止	农村生活用水供水保障率 97%	4

续表

准则层	序号	指标层	评分标准	建设现状	评分
水安全	4	农业灌溉保障情况	农业灌溉水源有效保障、农田灌排渠系完整且畅通、农田灌溉水水质达标，得3分；有一项不达标，扣1分	农田灌排渠系淤堵严重	2
水环境	5	农村生活污水集中处理率	≥90%得5分，每减少10%扣1分，扣完为止	污水经排水沟直排	0
	6	农村生活垃圾无害化处理率	≥95%得3分，每减少5%扣0.5分，扣完为止	全村生活垃圾有组织地进行定点收集定期清运，无害化处理率大于95%	3
	7	畜禽养殖污染治理情况	禁养区内无畜禽规模养殖场，得2分，畜禽规模养殖场建有配套的粪污处理与利用设施，得1分，正常运行，得2分。	无规模化养殖场	5
	8	农药、化肥施用量增长率	农药、化肥施用量零增长得5分；每增加5%扣1分，扣完为止	农药、化肥施用量零增长	5
	9	农田排水水质达标情况	农田排水水质符合受纳水域要求，得5分，否则不得分	农田排水水质符合受纳水域要求	5
	10	河道湖泊管理	推行河长制，得0.5分；建立河长制管理机制，得0.5分；有河长制公示牌，得0.5分；河道管理到位，无非法采砂、河道淤积、裁弯取直、违规建设等现象，得0.5分	未推行河长制，未建立河长制管理机制，无河长制公示牌，部分河道有垃圾等	0
	11	规范化养殖	库区水体及周边地区养殖行为达到规范化要求（饮用水水源地、禁养区水库水体及周边地区禁止承包养殖、网箱养鱼；非饮用水水源地、限养区、适养区的水库，实行人放天养，禁止肥水养殖；禁止畜禽粪便和污水直接向水体等环境排放），得4分，每发现1处达不到要求，扣2分，扣完为止	存在肥水养殖现象	2
水生态	12	水库、山塘、门塘水系连通率	100%得6分，每减少10%扣1分，扣完为止	水系连通率33.3%	0

续表

准则层	序号	指标层	评 分 标 准	建设现状	评分
水生态	13	生态需水保障	正常年份所有河道能保持不断流、不干涸 3 分；每发现一处扣 1 分，扣完为止	正常年份所有河道能保持不断流、不干涸	3
	14	水土流失治理率	≥85％得 6 分，每减少 5％扣 1 分，扣完为止	水土流失治理率 60％左右	2
水管理	15	水利工程管理到位率	堤坝、水闸等水利工程设施是否有人管理，到位率 100％，得 3 分，每减少 10％扣 1 分，扣完为止	水利工程管理到位率 100％	3
	16	水利工程设施完好率	堤坝、水闸等水利工程设施无水毁、损坏现象，完好率 100％，得 3 分，每减少 10％扣 1 分，扣完为止	水利工程设施完好率 90％左右	2
	17	农业节水技术使用情况	使用微灌、喷灌、滴灌等节水技术得 5 分，否则不得分	未使用相关农业节水技术	0
水景观	18	亲水场地建设	村庄内建有亲水场地（水上汀步、水边踏步、阶梯护岸、平台、戏水池、喷泉等）得 3 分，否则不得分	禾水沿背段建有亲水平台	3
	19	亲水景观建设与观赏游憩价值	村庄内建有水景观工程［包括风景河道、漂流河段、湖泊（水库）、瀑布、泉、喷泉、水利风景区、湿地公园、景观拦河坝、人工湿地、生态沟塘］得 4 分，水景观工程观赏游憩价值高，得 3 分	村内建有水景观工程，观赏游憩价值一般	4
水文化	20	水生态文明知识普及率	≥90％得 3 分，每减少 10％扣 1 分，扣完为止	水生态文明知识普及率 30％左右	0
	21	水文化宣传情况	有水文化宣传员得 1 分，有水文化宣传栏得 1 分，有村落特色水文化宣传标语得 2 分，有爱水节水模范得 1 分	设有广播站和宣传牌	2
	22	水文化挖掘与保护	有文化保护机构、文化建筑保护区得 1 分，发掘出一项保护完好的水利遗产得 2 分	建有甘祖昌干部学院、快省陂、沿背水电站、将军井、将军渡槽等水利遗产保存完好	3
	23	公众参与程度	参与率≥80％得 3 分，每减少 10％扣 1 分，扣完为止	公众参与率 30％左右	0
合　　计					57

5.3.3　沿背村水生态文明建设实施方案

江西省沿背村水生态文明村试点建设以"河畅、水清、岸绿、村美"为建设目标，针对建设前存在的问题，通过生活污水收集、处理，雨污分流，达到村内不见污水，改善村容村貌的同时，对污水进行集中处理，使出村的水质基本满足排放标准；打造沿禾水湿地生态，营造自然生态、健康休闲的水景观，提升沿背村景观品位；通过河道河岸基础、岸坡的生态治理及河道清淤，使河道更自然、水流更通畅，景色更漂亮，同时增加河道蓄水能力；通过农田水利设施的更新改造，减少灌溉用水的浪费，提高灌水效率；通过对村内道路的改善、修葺，充分利用宅前屋后的空地绿化，使村庄处处见绿，小路通畅。水生态文明建设主要措施如下。

5.3.3.1　水安全体系建设

1. 完善农村安全饮水工程

沿背村安全饮水工程将通过江山水源地引水，羊沽山南浚出口处新建大井作为备用水源，实现村庄安全饮水，在现阶段已完成引水管道、新建大井、两座蓄水池（200m³、100m³ 各 1 座）及 558 户自来水入户安装工作的基础上，水生态文明试点建设期间一方面推进沿背村农村饮水工程进展，完成管道的管理维护、两水源地的水质检测等相关配套工作；另一方面划定村内备用水源的保护区域，设立标志牌。

2. 加强灌排渠系建设

通过改造及整治灌溉渠道约 1500m，重建将军渡槽（由电站引水渠在将军电站处引水横跨禾水对禾水左岸农田进行灌溉，长约 70m)，保障灌排渠系畅通。

5.3.3.2　水环境体系建设

1. 加强生活污水处理

沿背村水污染源主要为生活污水排放，针对该村没有完善的污水收集系统，且未实现雨污分流，大部分生活污水经化粪池初步处理后直排，对禾水水质造成较大影响的情况，采取以下措施：①实施村庄排水管网建设，包括污水管网和雨水管网建设，实现雨污分流；②分片建设污水收集积水井，采用人工湿地的方式进行生活污水处理。

2. 全面建立"河长制"

在全村建立河长制，在重要河段设立界桩和标识，增进公众对河流保护的了解。明确河道责任人，落实河道保洁、生态保护工作。

5.3.3.3　水生态建设

1. 开展水系连通工程建设

针对村庄水系 2 处门塘没有盘活的问题，拟将村委会后面门塘改造成人工湿地；禾水左岸门塘通过埋设管道与禾水连通。

2. 开展水土保持工程建设

沿背村水土保持工程建设主要包括两方面：一是在村内少有人走动的地方种植果树、草皮及景观植物，在农户活动较多的地段适当进行硬化，确保水土不流失；二是在周边的山坡种植果树等，在进行水土保持的同时，增加经济收入。

5.3.3.4 水管理建设

1. 加强节水工程建设

节水工程建设主要包括生活节水和农业节水两方面。生活节水主要是通过宣传节水常识，普及节水概念、知识等，让村民能自觉节约用水；农业节水主要通过节水工程建设实现沿背村湾泉自然村后山贺国庆烈士陵园以下的 110 亩果园的节水灌溉，主要采取修建蓄水池，利用喷灌、微灌及滴灌等技术对果园植物进行灌溉。

2. 加强水生态文明相关制度建设

在沿背村设立水生态文明村创建工作领导小组，由村长任组长，相关村民为成员，统一协调调度水生态文明创建工作。领导小组下设办公室，从村委会挑选专门人员，实行集中办公，承担领导小组的日常工作。同时，根据村内的水环境及用水情况建立村规民约，建立农户"门前三包"制度、环境卫生公约等，对涉水涉村事务进行自我管理、自我服务、自我监督。

5.3.3.5 水景观建设

1. 加强禾水生态综合治理

对快省陂至反修桥左右岸共约 920m 河段进行局部清淤，建设亲水平台、生态挡墙；对于反修桥以下的禾水沿背段进行亲水平台和挡墙的修整，局部进行清淤；在滩地进行景观建设，包括建设沿河岸生态景观廊道：沿禾水沿背段河道两侧，结合快省陂、反修桥及路坊公路桥，建设禾水沿背段生态景观廊道。开展水生态修复与景观建设：对禾水沿背段实施水生态修复工程，设计以挺水植物为主、沉水植被为辅，结合少量漂浮植被的多样性水生植物群落修复模式。同时，种植的水生植物应注意随季节变换而产生不同的景观效果。

2. 加强门塘综合整治

主要是对坍塌岸坡进行护岸，建设一亲水平台并清淤，同时在禾水左岸与门塘之间道路下面埋设混凝土预制管道，连通禾水，盘活门塘。

5.3.3.6 水文化建设

1. 水文化挖掘与保护

（1）利用现有的红色文化，做好红色教育文章。结合村内现有的红色背景，将沿背电站、将军古井、将军渡槽、快省陂、反修桥、贺国庆烈士陵园等红色文化做好红色教育：分为点、面的系统教育，点教育即在红色文化点设标志牌、简介牌等；面教育即出版纸质读物，系统介绍红色故事，宣扬红色精神。

（2）利用现有水利工程，做好水利科普文章。结合村内现有的水利工程，将快省陂、沿背电站、将军渡槽、反修桥等水利工程做水利科普教育，分为点、面科普：点科普即为在工程点设标志牌、简介牌等介绍工程功能、原理等；面科普即出版纸质读物，汇总沿背水利工程，系统介绍工程的功能、原理。

2. 水文化宣传

采取多种途径，开展广泛、深入、持久的水生态文明理念和水文化宣传教育活动，形成村民共建水生态文明的理念。

（1）集中宣传。制作水生态文明建设成效专题片，分别组织村干部和村民集中观看专题片。利用村内赶圩日人员集中的便利，发放宣传资料，提高水生态文明知识入户率。在各中小学校的主题班会上开展水生态文明知识宣传，通过学生影响—带动家长—形成氛围，自觉养成良好的卫生生活习惯和良好风气。

（2）入户宣传。印制水生态文明宣传挂图、节水小常识读物及门前三包责任书，发放到每户农户，并要求张贴在家里显眼位置。村干部及中小学教师利用晚上时间上门入户，指导农户进行垃圾分类，促使群众自觉参与水生态文明建设。

（3）阵地宣传。通过县政府网站、电视台等媒介，宣传工作成效，树立先进典型。在村委会门前、桥头设立水生态文明宣传栏，宣传水生态文明知识，公布每月检查考核情况。编发工作简报，打造水生态文明信息共享、经验交流、成果展示的平台。

（4）活动宣传。通过开展文明卫生户、优秀保洁员、清洁户、爱水节水模范评选抽奖等活动，在村民中广泛开展水文化宣传教育。村庄每月定期组织村民小组长、党员及村民代表召开水生态文明专题会。

5.3.4　沿背村水生态文明试点建设效果评价

沿背村以实现水生态文明示范村建设为目标，针对水生态文明试点前存在的问题，加强六大体系建设，经过三年的试点建设，逐步实现"河畅、水清、岸绿、村美"的水生态文明建设目标。应用本书成果，对沿背村2018年水生态文明状况进行了评价，最终得出沿背村2018年水生态文明综合得分为92分（表5.6），参考本书水生态文明村评价标准，沿背村试点建设后可评为江西省水生态文明村。

表 5.6　　　　　　　　　沿背村水生态文明试点建设效果评价

准则层	序号	指标层	评分标准	建设现状	评分
水安全	1	防洪除涝工程达标率	≥90％得 6 分，每减少 10％扣 1 分，扣完为止	防洪除涝工程达标率 100％	6
	2	饮用水水质达标情况	水质达到或优于《地表水环境质量标准》（GB 3838—2002）Ⅲ类标准；地下水饮用水水质达到或优于《地下水质量标准》（GB/T 14848—93）Ⅲ类标准，得 6 分，否则不得分	饮用水水质符合相关标准	6
	3	农村生活供水保障率	保障率 100％得 6 分，每减少 5％扣 1 分，扣完为止	农村生活用水供水保障率 100％	6
	4	农业灌溉保障情况	农业灌溉水源有效保障、农田灌排渠系完整且畅通、农田灌溉水质达标，得 3 分；有一项不达标，扣 1 分	农业灌溉水源有效保障、农田灌排渠系完整畅通、农田灌溉水质达标	3
水环境	5	农村生活污水集中处理率	≥90％得 5 分，每减少 10％扣 1 分，扣完为止	已完成设计方案编制，计划 2019 年开工建设	0
	6	农村生活垃圾无害化处理率	≥95％得 3 分，每减少 5％扣 0.5 分，扣完为止	全村生活垃圾有组织的进行定点收集定期清运，无害化处理率大于 95％	3
	7	畜禽养殖污染治理情况	禁养区内无畜禽规模化养殖场，得 2 分，畜禽规模化养殖场建有配套的粪污处理与利用设施，得 1 分，正常运行，得 2 分	无规模化养殖场	5
	8	农药、化肥施用量增长率	农药、化肥施用量零增长得 5 分；每增加 5％扣 1 分，扣完为止	农药、化肥施用量零增长	5
	9	农田排水水质达标情况	农田排水水质符合受纳水域要求，得 5 分，否则不得分	农田排水水质符合受纳水域要求	5
	10	河道湖泊管理	推行河长制，得 0.5 分；建立河长制管理机制，得 0.5 分；有河长制公示牌，得 0.5 分；河道管理到位，无非法采砂、河道淤积、裁弯取直、违规建设等现象，得 0.5 分	推行了河长制，建立了河长制管理机制，无河长制公示牌，河道管理到位	2

准则层	序号	指标层	评 分 标 准	建设现状	评分
水环境	11	规范化养殖	库区水体及周边地区养殖行为达到规范化要求（饮用水水源地、禁养区水库水体及周边地区禁止承包养殖、网箱养鱼；非饮用水水源地、限养区、适养区的水库，实行人放天养，禁止肥水养殖；禁止畜禽粪便和污水直接向水体等环境排放），得 4 分，每发现 1 处达不到要求，扣 2 分，扣完为止	达到了规范化养殖要求	4
水生态	12	水库、山塘、门塘水系连通率	100%得 6 分，每减少 10%扣 1 分，扣完为止	水系连通率 100%	6
	13	生态需水保障	正常年份所有河道能保持不断流、不干涸 3 分；每发现一处扣 1 分，扣完为止	正常年份所有河道能保持不断流、不干涸	3
	14	水土流失治理率	≥85%得 6 分，每减少 5%扣 1 分，扣完为止	水土流失治理率 80%左右	5
水管理	15	水利工程管理到位率	堤坝、水闸等水利工程设施是否有人管理，到位率 100%，得 3 分，每减少 10%扣 1 分，扣完为止	水利工程管理到位率 100%	3
	16	水利工程设施完好率	堤坝、水闸等水利工程设施无水毁、损坏现象，完好率 100%，得 3 分，每减少 10%扣 1 分，扣完为止	水利工程设施完好率 100%	3
	17	农业节水技术使用情况	使用微灌、喷灌、滴灌等节水技术得 5 分，否则不得分	使用了微灌、喷灌、滴灌等节水技术	5
水景观	18	亲水场地建设	村庄内建有亲水场地（水上汀步、水边踏步、阶梯护岸、平台、戏水池、喷泉等）得 3 分，否则不得分	禾水沿背段建有浮桥、亲水平台等	3
	19	亲水景观建设与观赏游憩价值	村庄内建有水景观工程〔包括风景河道、漂流河段、湖泊（水库）、瀑布、泉、喷泉、水利风景区、湿地公园、景观拦河坝、人工湿地、生态沟塘〕得 4 分，水景观工程观赏游憩价值高，得 3 分	村内建有浮桥、景观拦河坝等水景观工程，观赏游憩价值较高	7

续表

准则层	序号	指标层	评 分 标 准	建设现状	评分
水文化	20	水生态文明知识普及率	≥90%得3分，每减少10%扣1分，扣完为止	水生态文明知识普及率80%左右	2
	21	水文化宣传情况	有水文化宣传员得1分，有水文化宣传栏得1分，有村落特色水文化宣传标语得2分，有爱水节水模范得1分	设有广播站和宣传牌，有水文化宣传员和宣传标语	4
	22	水文化挖掘与保护	有文化保护机构、文化建筑保护区得1分，发掘出一项保护完好的水利遗产得2分	建有甘祖昌干部学院、快省陂、沿背水电站、将军井、将军渡槽等水利遗产保存完好	3
	23	公众参与程度	参与率≥80%得3分，每减少10%扣1分，扣完为止	公众参与率80%左右	3
合　　计					92

第6章

水生态文明建设保障体制机制建议

6.1 健全组织管理机构

加强水生态文明建设的组织领导，以地方政府为主导，成立水生态文明建设领导小组。充分依托地方政府的行政职能，以水利部门为牵头单位，调动其他各职能部门的积极性，建立有效的工作机制和协调机制。水生态文明建设与国土、市政、水利、环保、林业、规划等部门以及周边跨行政区的利益直接相关，各部门之间的管理职责有明显的交叉与重合，各部门之间的责、权、利关系需进一步明晰。水利部门严格履行自身职责，成立水生态文明建设业务科室，并加强与相关部门沟通、协调、配合和对接，使其他职能部门能够认识、理解和接受水生态文明建设的意义和内容，并配合政府完成水生态文明建设任务。

流域管理与行政区域管理既然要结合，就必然要团结合作，相互协调，因为法律法规不可能把所有水资源管理事项中二者职权全部规定，即使有了规定，仍会出现新情况、新问题。因此，流域管理机构与地方水行政管理部门均应重视建设合作协调机制，共商流域水资源统一管理大事，处理行政区域水资源管理中的具体问题，比如建立水资源综合规划、专项规划、初始水权分配，水资源开发利用等方面水资源优化配置协商机制、建立水资源保护与水污染防治协作机制、防洪减灾协调机制、水土保持生态建设协调与监督机制、行政边界地区联合执法机制、水信息共享机制等。有了好的协调机制，管理体制和管理制度就能具体化、可操作化。

6.2 建立绩效考评机制

建立科学完善的水生态文明建设考核评价体系，制定体现水生态文明要求的考评机制，将水生态文明建设工作纳入各级党政领导班子和主要领导干部年度述职、地方和部门绩效考核内容。依照主要功能定位，探索设立不同功能区的考核目标，加大水生态文明建设定性、定量指标权重，配套健全绩效考核体系。加强组织领导，采取平时检查与年终考核相结合的方式，公布领导小组每年对水生态文明建设情况的综合考核结果，表彰建设任务完成好、建设成绩显著的县、乡（镇）、村，通报未考核通过的，直至追究相应责任。

6.3　形成多规合一的水空间规划编制机制

水空间规划是城市总体规划的重要组成部分，水空间的开发、利用是人居环境建设的重要内容。针对现行水生态文明规划存在的问题，建议加快形成多规合一的水空间规划编制机制，着力解决因无序开发、过度开发、分散开发导致的水生态空间占用过多、水生态破坏和水环境污染等问题。水空间规划应采取因地制宜的原则，在调查、测定、汇总水空间总量的基础上，以水资源环境承载能力评价和水空间开发适宜性评价结果为依据，以水定城、以水定地、以水定人、以水定产，确定水资源开发强度；结合水生态功能，进行水空间区划，与其他部门涉水空间规划相整合，形成统一的水空间规划；确定开发进程、制定合理利用和保护水空间的措施，搞好水空间的综合利用，统一管理，防止枯竭；控制水资源供需平衡，提高主要水空间的防洪能力，解决水源短缺、水污染和水生态破坏等问题。

6.4　强化科技支撑

水生态文明建设是自然、社会、经济复合生态系统的和谐，因此，必须以强大的科技和生态适应技术为支撑。需要深入开展水生态文明建设科技项目需求分析与研究推广工作，充分吸收融合可持续发展的各项技术，包括现代生态技术、环保技术等，进而引进、吸收和集成，并推广应用于水生态文明建设中。推动地方政府、有关部门、基层单位和高等院校、科研机构加强合作，着力加强水生态文明基础理论研究工作，如深化对水生态文明建设的目的意义、内涵外延、功能作用的认识；明晰水生态文明建设的主要任务、基本要求、规划布局、建设重点、对策措施等。

以水生态文明建设工作为契机，不断完善人才培养引进和先进技术设备引进机制，提升水安全、水资源、水环境、水生态监测监管能力，加强监管和风险应急队伍建设，解决水生态文明建设面临的关键技术等问题。引进先进技术和先进设备，以现有监测平台为依托，健全水量、水位、水质、地面沉降、水土保持等监测网络，规范化开展水环境监测工作。从装备、软硬件设施、经费保障等方面，全面提升监测监控监管能力与水平，不断推进监测监管、风险应急等队伍的标准化和现代化建设。加强水安全、水资源、水环境、水生态的预测、预报、预警系统和快速反应系统建设，避免和减少各类灾害造成的损失。

6.5　加强法律法规建设

法律是任何一项制度措施得以实现的根本性保障，而在国外的生态环境管理工作中，表现出来的一大鲜明特点就是完善的立法。如日本，为了更具有针对性地保护琵琶湖，政府先后制定了《琵琶湖综合开发特别措施法》《琵琶湖富营养化防止条例》《湖沼水质保护特别措施法》等一系列法规和条例。甚至有的国家通过相关立法赋予流域机构很大的行政管理权和相当的自主权。如美国的《田纳西流域管理局法》明确规定管理局有权依据流域发展的需要来废除或修订地方法规，并根据全流域的整体需要进行新的立法。

完善法律法规体系，是推进江西省水生态文明建设的重要保障。这就要求当地政府尽快出台水污染防治、清洁生产相关法律法规。同时，在实际的水污染整治过程中，吸收和借鉴国内外的成功经验，结合当地现有的地方性法律法规，制定统一的水资源管理法，同时，在立法的过程中对各部门的职能和责任做出进一步的划分，从而提升当地行政管理的整体效率水平；制定专门的流域管理法，对该流域进行统一管理。在立法过程中要彰显宏观管理的重要意义，从整体上对水资源利用的管理问题进行分析和研究，在真正意义上为水资源的优化配置提供积极的立法支持。

6.6　建立市场化多元投入模式

市场在资源配置中起决定性作用。在市场主导下的体制机制下，政府应给与市场主体充分的自主选择性，不做任何强制性要求，只是通过税收优惠、政府补贴等方式引导市场主体选择政府期望的行为准则。市场主体则根据政府提供的政策激励手段，结合自身实际情况，运用成本收益比、投资回报率等财务分析手段对投资决策进行合理性判断，从而决定市场主体的行为选择。

国内水生态文明建设的市场机制尚处于探索阶段。需建立并完善"政府引导、市场推动、多元化投入、社会参与"的多元化资金投入机制，将水生态文明建设列为公共财政支出内容，依据规划，加大投入，确保公共财政每年用于水生态文明建设支出的增幅高于经济增长速度和财政支出增长幅度；增设专项资金，重点支持"五河一湖"等水环境整治、水污染防治、水生态保护等；整合相关资金，集中解决水安全、水资源、水环境、水生态等突出问题；积极利用市场机制，拓宽资金投入渠道，强化"谁投资、谁受益"等利益导向，吸引外资、民间资本参与水生态文明建设领域和重点项目建设；引导各类投资企业、社会捐赠机构和国际援助机构投资水生态文明建设领域。支持省水投公司创新融资模式，合理利用自身资产、权益等合法质押、抵押物权进行融资。支持省水投公司与金融机构合作，创新投融资方式，广泛吸收社会资本，通过直接贷款、发行企业债券、中期票据、保险债权等方式进行融资。推广政府和社会资本合作的PPP模式，鼓励和支持各地积极探索运用规范的PPP模式参与各类水利工程建设和运行管理。

6.7　推进水利财政事权与支出责任划分改革

推进财政事权和支出责任划分改革，以水生态文明建设为契机，明确界定省、市、县水利财政事权，理顺省与市、县共同水利财政事权，建立水利财政事权划分动态调整机制，在水利财政事权确定的基础上，完善省与市、县支出责任划分，保障水生态文明建设财政资金落实。

6.8　创新公众参与体制机制

水生态文明建设关系人民群众切身利益，需要每个社会公民的关注、关心，水生态文明建设实质上是每个人自身水生态文明程度的提高。结合当前江西省水生态文明建设中公众参与的现状，应从机制构建和制度保障两个方面进一步推进公众参与水生态文明建设。

基于当前政府、企业、公众三方之间的关系，建议成立专门的协调、引导公众参与的水生态文明建设协调小组。该小组由公众起主导作用，政府起支持作用，建成一种长期存在的环保基层组织，通过管理与监督的结合，建立完善的协调、监督、管理、激励的互约机制，致力于实现区域水生态文明。

为使公众参与机制有效运行并发挥积极作用，还需要加强一系列的制度保障措施：进一步完善公众参与水生态文明建设的法律法规，切实完善公众参与的具体形式和内容、监督和参与决策的规定以及公益诉讼制度等；完善信息公开，提高水生态文明建设的透明度，保障公众的知情权；加强公众参与能力建设，提高水生态文明意识，增强公众参与水生态文明建设的能力。

参 考 文 献

［1］ 班荣舶，冯开禹，吴廷连．安顺市水生态文明建设探讨［J］．水利经济，2015，33
（1）：59－76.

［2］ 蔡文．物元模型及其应用［M］．北京：科学技术文献出版社，1994.

［3］ 陈进，李伯根，许继军．水生态文明建设体系及在云南省的实践［J］．水利发展研
究，2015（1）：14－45.

［4］ 高立波．陈明：建设水生态文明实现美丽中国梦［J］．河南水利与南水北调，2014
（5）：9－11.

［5］ 陈璞．水生态文明城市建设的评价指标体系研究——以安徽省六安为例［D］．济
南：济南大学，2014.

［6］ 褚克坚，仇凯峰，贾永志，等．长江下游丘陵库群河网地区城市水生态文明评价指标
体系研究［J］．四川环境，2015，34（6）：44－51.

［7］ 辞海编辑委员会．辞海［M］．缩印本．上海：上海辞书出版社，1989.

［8］ 崔东文．随机森林模型及其在水生态文明综合评价中的应用［J］．水利水电科技进
展，2014，34（5）：56－60，79.

［9］ DB37/T 2172—2012．山东省水生态文明城市评价标准［S］．山东：山东省质量技术
监督局，2012.

［10］ 丁惠君，刘聚涛，袁桂香，等．江西省莲花县水生态文明建设评价指标体系构建［J］.
江西水利科技，2014，40（3）：165－170.

［11］ 杜桂荣，宋金娜，肖滨，等．国外水资源管理模式研究［J］．人民黄河，2012，34
（4）：50－54.

［12］ 高华，曹先玉，蔡保国．山东省水生态文明城市评价体系研究［J］．中国水利，2013
（10）：8－10.

［13］ 龚佳．澳大利亚水资源管理研究［D］．上海：华东师范大学，2007.

［14］ 谷树忠，李维明．建立健全水生态文明建设的推进机制［J］．中国水利，2013（15）：
17－19.

［15］ 郭晓勇．水生态文明内涵及外延探究［J］．江西农业学报，2014，26（8）：139－142.

［16］ 郝少英．国际水生态文明的法理基础和科学内涵［J］．环境保护，2011（1），76－78.

［17］ 何增科．论改革完善我国社会管理体制的必要性和意义——中国社会管理体制改革
与社会工作发展研究之一［J］．毛泽东邓小平理论研究，2007（8）：52－55.

［18］ 胡洪营，何苗，朱铭捷，等．污染河流水质净化与生态修复技术及其集成化策略［J］.
给水排水，2005，31（4）：1－9.

［19］ 黄苗．水生态文明建设的指标体系探讨［J］．中国水利，2013（6）：17－19.

［20］ 贾颖娜，赵柳依，黄燕．美国流域水环境治理模式及对中国的启示研究［J］．环境科
学与管理，2016，41（1）：21－24.

［21］ 景向上，刘旭，魏敬熙．借鉴国外经验优化我国水资源管理模式［J］．中国水运，

2008, 8 (8)：152，154.

[22] 可持续流域管理政策框架研究课题组．英国的流域涉水管理体制政策及其对我国的启示 [J]．水利发展研究，2011 (5)：77 - 81.

[23] 兰瑞君，马巍，班静雅．北京雁栖湖生态发展示范区水生态文明建设评价指标体系研究 [J]．中国水利，2016 (11)：39 - 41.

[24] 李程伟．社会管理体制创新：公共管理学视角的解读 [J]．中国行政管理，2005 (5)：400 - 407.

[25] 刘丹花．世界主要国家水资源管理体制比较研究 [D]．南昌：江西理工大学，2015.

[26] 刘倩．日本机构改革后的水资源管理体制 [J]．水利发展研究，2003，3 (2)：66 - 67.

[27] 刘海娇，黄继文，仕玉治，等．黄河下游典型城市水生态文明评价 [J]．人民黄河，2013，35 (12)：64 - 67.

[28] 刘晓鹏，范立柱．广州市水生态文明城市建设试点实施方案浅析 [J]．广东水利水电，2014 (9)：61 - 65.

[29] 刘小英．文明形态的演化与生态文明的前景 [J]．武汉大学学报：哲学社会科学版，2006，59 (5)：673 -678.

[30] 马军惠．中国政府环境保护管理体制的改革完善研究——以我国水污染为例 [D]．西安：西北大学，2008.

[31] 马建华．推进水生态文明建设的对策与思考 [J]．中国水利，2013 (10)：1 - 4.

[32] 梅锦山．水生态文明建设分区分类策略初探 [J]．中国水利，2013 (15)：23 - 27.

[33] 石秋池，唐克旺．关于水生态文明传承与创新的思考 [J]．中国水利，2016 (3)：39 -41.

[34] 史璇，赵志轩，李立新，等．澳大利亚墨累-达令河流域水管理体制对我国的启示 [J]．干旱区研究，2012，29 (3)：419 - 424.

[35] 唐娟．英国水行业政府监管模式的改革 [J]．经济社会体制比较，2004 (4)：127 -33.

[36] 唐克旺．水生态文明的内涵及评价体系探讨 [J]．水资源保护，2013，29 (4)：1 - 4.

[37] 王丹．南昌市水生态文明建设评价研究 [D]．南昌：南昌大学，2015.

[38] 王茂林，欧阳珊．从三个维度认识与实践水生态文明建设 [J]．中国水利，2014 (3)：9 - 12.

[39] 王建华，胡鹏．水生态文明评价体系研究 [J]．中国水利，2013 (15)：39 - 42.

[40] 王卓妮，胡涛，马中．美国跨界水污染管理的经验与教训 [J]．环境保护，2010 (4)：73 - 75.

[41] 杨柳．济南市水生态环境健康评价研究 [D]．济南：济南大学，2016.

[42] 王献辉，花剑岚，李萍，等．水生态保护与修复工程的评估指标研究 [J]．江苏水利，2012 (8)：8 - 10.

[43] 汪伦焰，袁杰，李娜，等．基于物元可拓模型的水生态文明城市建设评价——以许昌市为例 [J]．人民长江，2016，47 (18)：18 - 21.

[44] 谢庆奎，谢梦醒．和谐社会与社会管理体制改革 [J]．北京行政学院学报，2006 (2)：12 - 16.

[45] 谢剑，王满船，王学军．水资源管理体制国际经验概述 [J]．世界环境，2009 (2)：

14 - 16.

[46] 徐海红. 生态劳动视域中的生态文明 [D]. 南京：南京师范大学，2011.

[47] 颜宏亮，李浩宇，孟令超，等. 水生态文明建设是实现"中国梦"的着力点 [C] // 2014 第六届全国河道治理与生态修复技术论文集，2014.

[48] 俞树毅. 国外流域管理法律制度对我国的启示 [J]. 南京大学法律评论，2010 (2)：321 - 334.

[49] 赵亚洲. 我国水资源流域管理与区域管理相结合体制研究 [D]. 长春：东北师范大学，2009.

[50] 张思锋，张立. 煤炭开采区生态补偿的体制与机制研究 [J]. 西安交通大学学报：社会科学版，2010，30 (2)：50 - 59.

[51] 张艳芳，Gardner A. 澳大利亚水资源分配与管理原则及其对我国的启示 [J]. 科技进步与对策，2009，26 (23)：56 - 59.

[52] 张晓霞，杨开忠. 人类文明的演变与地球系统的运动机制研究 [J]. 中州学刊，2006，5：137 - 139.

[53] 张诚，严登华，秦天玲. 试论水生态文明建设的理论内涵与支撑技术 [J]. 中国水利，2014 (12)：17 - 24.

[54] 张振江. 基于水生态文明的设计思考 [J]. 安徽水利水电职业技术学院学报，2015，15 (1)：9 - 11.

[55] 张晓芳. 苏州水生态文明城市评价体系与建设策略研究 [C] //2013 年中国环境科学学会学术年会论文集. 北京：中国环境出版社，2013：567 - 571.

[56] 朱竹. 马克思主义生态观视域下生态文明建设研究 [D]. 重庆：重庆理工大学，2012.

[57] 朱亚新. 太湖水环境管理体制研究 [D]. 上海：同济大学，2008.

[58] 中国社会科学院语言研究所词典编辑室. 现代汉语词典 [M]. 增补本. 北京：外语教学与研究出版社，2002.

[59] 邹玮. 澳大利亚可持续发展水政策对中国水资源管理的启示 [J]. 水利经济，2013，31 (1)：48 - 52.

[60] 左其亭，罗增良. 水生态文明定量评价方法及应用 [J]. 水利水电技术，2016，47 (5)：94 - 100.